算法详解（卷2）

——图算法和数据结构

Algorithms Illuminated

Part 2: Graph Algorithms And Data Structures

[美] 蒂姆 · 拉夫加登（Tim Roughgarden）著　徐波 译

人 民 邮 电 出 版 社

北 京

图书在版编目（CIP）数据

算法详解. 卷2，图算法和数据结构 /（美）蒂姆·拉夫加登（Tim Roughgarden）著；徐波译. -- 北京：人民邮电出版社，2020.6（2023.11 重印）
ISBN 978-7-115-52603-8

Ⅰ. ①算… Ⅱ. ①蒂… ②徐… Ⅲ. ①电子计算机—算法理论 Ⅳ. ①TP301.6

中国版本图书馆CIP数据核字(2020)第068716号

版权声明

◆ 著　　　[美] 蒂姆·拉夫加登（Tim Roughgarden）
译　　　徐　波
责任编辑　武晓燕
责任印制　王　郁　焦志炜
◆ 人民邮电出版社出版发行　　北京市丰台区成寿寺路 11 号
邮编　100164　　电子邮件　315@ptpress.com.cn
网址　https://www.ptpress.com.cn
北京七彩京通数码快印有限公司印刷
◆ 开本：720×960　1/16
印张：13　　　　2020 年 6 月第 1 版
字数：190 千字　　　　2023 年 11 月北京第 9 次印刷
著作权合同登记号　图字：01-2018-8753 号

定价：49.00 元

读者服务热线：(010)81055410　印装质量热线：(010)81055316
反盗版热线：(010)81055315
广告经营许可证：京东市监广登字20170147号

内容提要

算法详解系列图书共有 4 卷，本书是第 2 卷——图算法和数据结构。本书共有 6 章，主要介绍了 3 个主题，分别是图的搜索和应用、最短路径以及数据结构。附录简单回顾了渐进性表示法。本书的每一章均有小测验、章末习题，这为读者的自我检查以及进一步学习提供了方便。

本书提供了丰富而实用的资料，能够帮助读者提升算法思维能力。本书适合计算机专业的高校教师和学生，想要培养和训练算法思维和计算思维的 IT 专业人士，以及正在准备面试的应聘者和面试官阅读参考。

前　言

本书是在我的在线算法课程基础之上编写的，是 4 卷中的第 2 卷，第 1 卷是《算法详解（卷 1）——算法基础》。这个在线课程 2012 年起就定期发布，它建立在我在斯坦福大学讲授多年的本科课程的基础之上。这个系列的卷 1 并不是阅读卷 2 的先决要求，任何符合下面“本书的目标读者”中所描述背景并熟悉渐进性表示法（附录对这个主题进行了回顾）的读者均适合阅读本书。

本书涵盖的内容

本书介绍了下面 3 个主题的基础知识。

图的搜索和应用

图可用于对许多不同类型的网络（包括道路网、通信网络、社交网络，以及多任务之间的依赖性网络）进行建模。图可能非常复杂，但图存在一些运算速度非常快的基本算法。我们首先讨论对图进行搜索的线性算法。该算法应用范围极广，包括网络分析以及任务序列化等。

最短路径

最短路径问题的目标是计算网络中从点 A 到点 B 的最佳路线。这个问题具有一些显而易见的应用，例如计算行车路线等。许多更为通用的规划问题的本质就是计算最短路径。我们将对其中一种图搜索算法进行归纳，进而引出著名的 Dijkstra 最短路径算法。

数据结构

本书将帮助读者熟悉几种不同的数据结构，它们用于维护不断变化的具有键的对象集合。我们的基本目标是培养一种能力，也就是能够判断哪种数据结构比较适合自己的应用。选读的高级章节为如何从头实现这些数据结构提供了一些指导方针。

我们首先讨论堆，它可以快速识别它所存储对象中具有最小键值的对象，适用于排序、实现优先队列以及以线性时间实现 Dijkstra 算法等场景。搜索树可以维护它所存储对象的整体键顺序，并支持更丰富的数组操作。散列表对超级快速的查找方式进行了优化，在现代程序中具有极其广泛的应用。我们还将讨论布隆过滤器，它是散列表的“近亲”。布隆过滤器的空间需求比散列表的低，但它偶尔会出现错误。

关于本书内容的更详细介绍，可以阅读每章的“本章要点”，它对每一章的内容，特别是那些重要的概念进行了总结。书中带星号的章节是难度较高的章节。时间较为紧张的读者在第一遍阅读时可以跳过这些章节，这并不会影响本书阅读的连续性。

“算法详解”系列其他几卷所涵盖的主题

“算法详解”系列图书的第 1 卷《算法详解（卷 1）——算法基础》讨论了渐进性表示法（大 O 表示法以及相关表示法），分治算法和主方法，随机化的 QuickSort 及其分析以及线性时间的选择算法。“算法详解”系列图书的第 3 卷重点讨论了贪婪算法（调度、最小生成树、集群、霍夫曼编码）和动态编程（背包、序列对齐、最短路径、最佳搜索树等）。“算法详解”系列图书的第 4 卷则介绍 NP 完整性及其对算法设计师的意义，还讨论了处理难解的计算问题的一些策略，包括对试探法和局部搜索的分析。

读者的收获

精通算法需要大量的时间和精力，那为什么要学习算法呢？

成为更优秀的程序员

读者将学习一些令人炫目的用于处理数据的高速子程序以及一些实用的数据结构，它们用于组织数据，可以直接部署到自己的程序中。实现和使用这些算法将扩展并提高读者的编程技巧。读者还将学习基本的算法设计范式，它们与许多不同领域的不同问题密切相关，并且可以作为预测算法性能的工具。这些“算法设计模式”可以帮助读者为自己碰到的问题设计新算法。

加强分析技巧

读者将获得大量对算法进行描述和推导的实践机会。通过数学分析，读者将对“算法详解”系列图书所涵盖的特定算法和数据结构产生深刻的理解。读者还将掌握一些广泛用于算法分析的实用数学技巧。

形成算法思维

在学习了算法之后，很难发现有什么地方没有它们的踪影。无论是坐电梯、观察鸟群，还是管理自己的投资组合，甚至是观察婴儿的认知，算法思维如影随形。算法思维在计算机科学之外的领域，包括生物学、统计学和经济学，越来越实用。

融入计算机科学家的圈子

研究算法就像是观看计算机科学最近 60 年发展的精彩剪辑。当读者参加一场计算机科学界的鸡尾酒会，会上有人讲了一个关于 Dijkstra 算法的笑话时，你就不会感觉自己被排除在这个圈子之外了。在阅读了本系列图书之后，读者将了解许多这方面的知识。

在技术访谈中脱颖而出

在过去这些年里，有很多学生向我讲述了“算法详解”系列图书是怎样帮助他们在技术访谈中大放异彩的。

其他算法教材

“算法详解”系列图书只有一个目标：尽可能以读者容易接受的方式介绍算法的基础知识。读者可以把本书看成是专家级算法教师的课程记录，老师以课程的形式传道解惑。

市面上还有一些非常优秀的更为传统、全面的算法教材，它们都可以作为

“算法详解”系列关于算法的其他细节、问题和主题的有益补充。我鼓励读者探索和寻找自己喜欢的其他教材。另外，还有一些图书的出发点有所不同，它们偏向于站在程序员的角度寻找一种特定编程语言的成熟算法实现。网络中存在大量免费的这类算法的实现。

本书的目标读者

“算法详解”系列图书以及作为其基础的在线课程的整体目标是尽可能地扩展读者群体的范围。学习我的在线课程的人具有不同的年龄、背景、生活方式，有大量来自全世界各个角落的学生（包括高中生、大学生等）、软件工程师（包括现在的和未来的）、科学家和专业人员。

本书并不是讨论编程的，理想情况下读者至少应该熟悉一种标准编程语言（例如 Java、Python、C、Scala、Haskell 等）并掌握了基本的编程技巧。作为一个立竿见影的试验，读者可以试着阅读 2.2 节。如果读者觉得自己能够看懂，那么看懂本书的其他部分应该也是没有问题的。如果读者想要提高自己的编程技巧，那么可以学习一些非常优秀的讲述基础编程的免费在线课程。

我们还会根据需要通过数学分析帮助读者理解算法为什么能够实现目标以及它是怎样实现目标的。Eric Lehman 和 Tom Leighton 关于计算机科学的数学知识的免费课程是极为优秀的，可以帮助读者复习数学记法（例如Σ和∀）、数学证明的基础知识（归纳、悖论等）、离散概率等更多知识。

其他资源

“算法详解”系列的在线课程当前运行于 Coursera 和 Stanford Lagunita 平台。另外，还有一些资源可以帮助读者根据自己的意愿提升对在线课程的体验。

- 视频。如果读者觉得相比阅读文字，更喜欢听和看，那么可以在视频网站的视频播放列表中观看。这些视频涵盖了“算法详解”系列的所有主题。我希望它们能够激发读者学习算法的持续热情。当然，它们并不能完全取代书的作用。
- 小测验。读者怎么才能知道自己是否完全理解了本书所讨论的概念呢？

散布于全书的小测验及其答案和详细解释就起到了这个作用。当读者阅读这块内容时，最好能够停下来认真思考，然后继续阅读接下来的内容。

- 章末习题。每章的末尾都有一些相对简单的问题，用于测试读者对该章内容的理解程度。另外，还有一些开放性的、难度更大的挑战题。本书并未包含章末习题的所有答案，但是读者可以通过本书的论坛（稍后提及）与作者以及其他读者进行交流。
- 编程题。许多章的最后是一个建议的编程项目，其目的是通过创建自己的算法工作程序，来增强读者对算法的理解。读者可以在 www.algorithmsilluminated.org 上找到数据集、测试例以及它们的答案。
- 论坛。在线课程能够取得成功的一个重要原因是它们为参与者提供了互相帮助的机会，读者可以通过论坛讨论课程材料和调试程序。本系列图书的读者也有同样的机会，可以通过 www.algorithmsilluminated.org 参与活动。

致谢

如果没有过去几年里我的算法课程中数以千计的参与者的热情和渴望，“算法详解”系列图书就不可能面世。这些课程既包括斯坦福大学的课程，又包括在线平台的课程。我特别感谢那些为本书的早期草稿提供详细反馈的人：Tonya Blust、Yuan Cao、Jim Humelsine、Vladimir Kokshenev、Bayram Kuliyev、Patrick Monkelban 和 Daniel Zingaro。

我非常希望得到来自读者的建议和修正意见，读者可通过上面所提到的讨论组与我进行交流。

蒂姆 • 拉夫加登

英国伦敦，2018 年 7 月

资源与支持

本书由异步社区出品，社区（https://www.epubit.com/）为您提供相关资源和后续服务。

提交勘误

作者和编辑尽最大努力来确保书中内容的准确性，但难免会存在疏漏。欢迎您将发现的问题反馈给我们，帮助我们提升图书的质量。

当您发现错误时，请登录异步社区，按书名搜索，进入本书页面，点击“提交勘误”，输入勘误信息，点击“提交”按钮即可。本书的作者和编辑会对您提交的勘误进行审核，确认并接受后，您将获赠异步社区的100积分。积分可用于在异步社区兑换优惠券、样书或奖品。

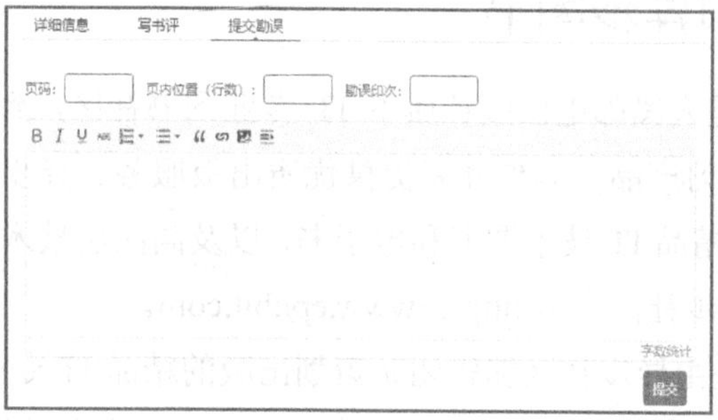

扫码关注本书

扫描下方二维码，您将会在异步社区微信服务号中看到本书信息及相关的服务提示。

与我们联系

我们的联系邮箱是 contact@epubit.com.cn。

如果您对本书有任何疑问或建议，请您发邮件给我们，并请在邮件标题中注明本书书名，以便我们更高效地做出反馈。

如果您有兴趣出版图书、录制教学视频，或者参与图书翻译、技术审校等工作，可以发邮件给我们；有意出版图书的作者也可以到异步社区在线提交投稿（直接访问 www.epubit.com/selfpublish/submission 即可）。

如果您是学校、培训机构或企业，想批量购买本书或异步社区出版的其他图书，也可以发邮件给我们。

如果您在网上发现有针对异步社区出品图书的各种形式的盗版行为，包括对图书全部或部分内容的非授权传播，请您将怀疑有侵权行为的链接发邮件给我们。您的这一举动是对作者权益的保护，也是我们持续为您提供有价值的内容的动力之源。

关于异步社区和异步图书

“异步社区”是人民邮电出版社旗下 IT 专业图书社区，致力于出版精品 IT 技术图书和相关学习产品，为作译者提供优质出版服务。异步社区创办于 2015 年 8 月，提供大量精品 IT 技术图书和电子书，以及高品质技术文章和视频课程。更多详情请访问异步社区官网 https://www.epubit.com。

“异步图书”是由异步社区编辑团队策划出版的精品 IT 专业图书的品牌，依托于人民邮电出版社近 30 年的计算机图书出版积累和专业编辑团队，相关图书在封面上印有异步图书的 LOGO。异步图书的出版领域包括软件开发、大数据、AI、测试、前端、网络技术等。

异步社区

微信服务号

目　录

第 1 章

图的基础知识

本章将会简单地介绍图的概念、图的用途以及计算机程序中常见的图表示形式。接下来的两章将深入讨论一些著名的与图有关的实用算法。

1.1 基本术语

提到“图”这个词，我们很自然就会联想到x轴、y轴等术语（见图 1.1(a)）。从算法的角度来说，图也可以看作成对的对象之间的关系的表现形式（见图 1.1(b)）。

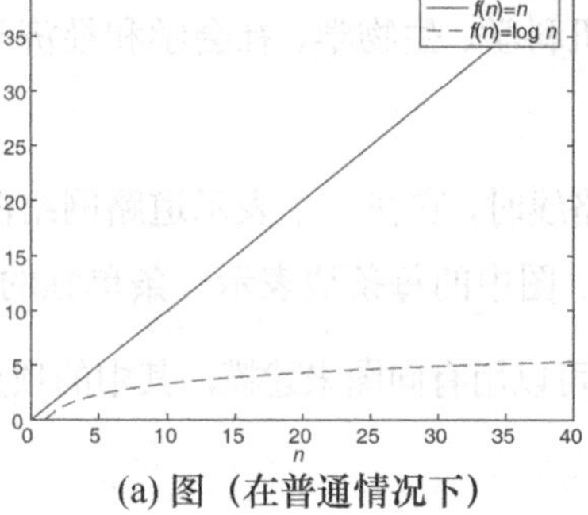

(a) 图（在普通情况下）

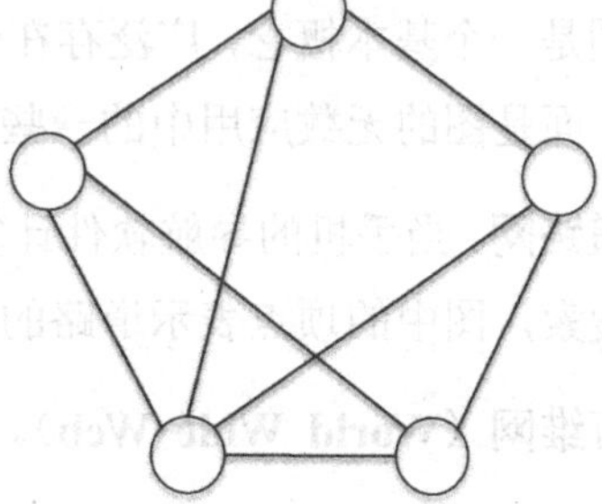
(b) 图（在算法中）

图 1.1　在算法中，图是一组对象以及每对对象之间的关系（例如朋友关系）的表现形式

图具有两个组成部分：图所表示的对象集合以及每一对对象之间的关系。前者称为图的顶点或端点[①]。每一对对象之间的关系可以看成是图的边。我们通常用 V 和 E 分别表示图的顶点集和边集，有时用表达式 $G=(V,E)$表示图 G 具有顶点集 V 和边集 E。

图分为两种类型，一种是有向图，另一种是无向图。这两种类型的图非常重要，具有极为普遍的应用，因此我们应该同时熟悉这两种图。在无向图中，每条边对应于一个无序的顶点对(v,w)，其中 v 和 w 是这条边的端点（图 1.2(a)）。在无向图中，边(v,w)和边(w,v)没有区别。在有向图中，边(v,w)是个有序的顶点对，这条边的方向是从第 1 个顶点 v（称为尾）到第 2 个顶点 w（称为头），参见图 1.2(b)。[②]

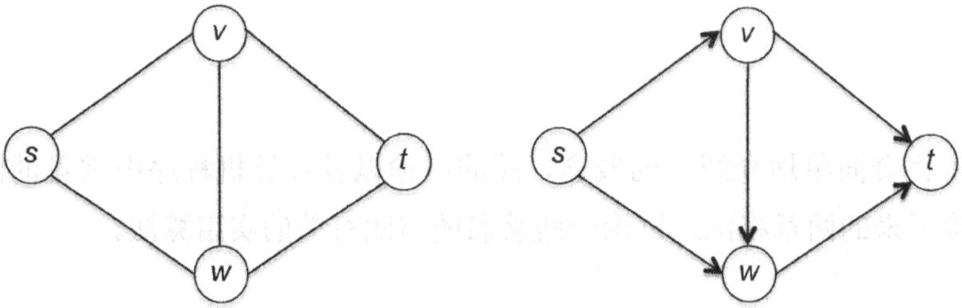

(a) 无向图　　(b) 有向图

图 1.2　具有 4 个顶点和 5 条边的图（无向图的边和有向图的边分别是无序的顶点对和有序的顶点对）

1.2　图的一些应用

图是一个基本概念，广泛存在于计算机科学、生物学、社会学和经济学等领域。下面是图的无数应用中的一些例子。

道路网。当手机的导航软件计算行驶路线时，它在一个表示道路网络的图中进行搜索，图中的顶点表示道路的交汇处，图中的每条边表示一条单独的道路。

万维网（World Wide Web）。万维网可以用有向图来建模，其中的顶点对应

① 同一样东西具有两个名称并不是一件愉快的事情，但这两个术语都是广泛使用的，因此必须同时知道这两个名称。在本系列图书中，我们一般沿用“顶点”这个术语。

② 有向边有时称为弧，但我们不会在本系列图书中使用这个术语。

于单个的 Web 页面，边对应于超链接，边的方向是从包含超链接的页面到目标页面。

社交网络。社交网络也可以用图来表示，其中顶点对应于个人，边对应于某种类型的关系。例如，一条边可以表示它的两个顶点为朋友关系，或者表示其中一个顶点是另一个顶点的关注者。在当前流行的社交网络中，哪些建模为无向图更为自然？哪些建模为有向图更为自然？两者都有一些有趣的例子。

优先级约束。图对于那些缺少明显的网络结构的问题也是非常适用的。假设我们必须完成一组受到优先级约束的任务，例如把自己看成大学一年级的新生，计划按照某种顺序学习几门课程。解决这种问题的一种方法是把本书 2.5 节描述的拓扑排序算法应用于下面这种图：每个顶点表示专业要求的一门课程，从课程 A 到课程 B 的有向边表示学完课程 A 是学习课程 B 的先决条件。

1.3 图形的度量

与卷 1 一样，在本书中，我们用输入长度的一个函数来分析不同算法的运行时间。当输入是单个数组时（例如在排序算法中），就存在一种很明显的方式来定义“输入长度”，即数组的长度。当算法的输入涉及图时，就必须指定图的表现形式，并明确它的“长度”的含义。

1.3.1 图的边数量

图的度量是由两个参数控制的，分别是顶点的数量和边的数量。下面是这两个量较常用的表示方法。

图的表示法

对于具有顶点集 V 和边集 E 的图 $G=(V,E)$：

1. $n=|V|$表示顶点的数量；
2. $m=|E|$表示边的数量。[①]

① 对于有限集合 S，$|S|$表示 S 中元素的数量。

在小测验 1.1 中，我们思考无向图中边的数量与顶点数量的依赖关系。对于这个问题，我们假设每对顶点之间最多只有一条无向边，不允许出现“平行边”。我们还假设图是“连接的”，2.3 节将正式定义这个概念。连接的图就是指图是“一整块的”，没有办法在不切断任何一条边的情况下把图分割为两个部分。图 1.1(b)和图 1.2(a)中的图是连接的，但图 1.3 中的图是非连接的。

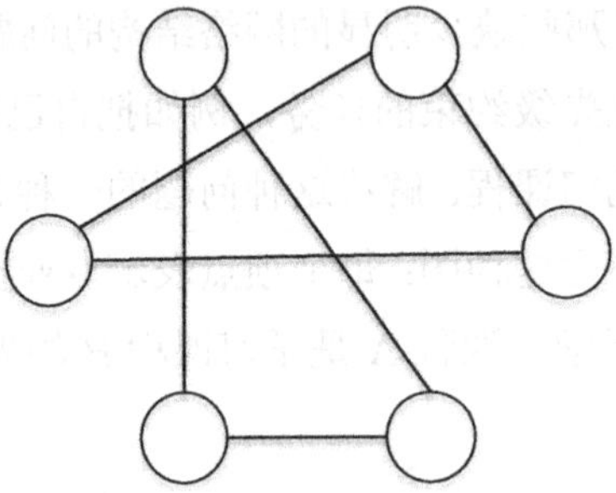

图 1.3 非连接的无向图

小测验 1.1

考虑一个具有 n 个顶点并且没有平行边的无向图。假设这个图是连接的，也就是“一整块的”。这个图最少有几条边？最多有几条边？

(a) $n-1$ 和 $\frac{n(n-1)}{2}$

(b) $n-1$ 和 n^2

(c) n 和 2^n

(d) n 和 n^n

（正确答案和详细解释参见 1.3.3 节。）

1.3.2 稀疏图和稠密图

在小测验 1.1 中，我们已经看到了图的边数是如何根据顶点的数量变化的。现在，我们可以讨论稀疏图和稠密图之间的区别。它们的区别是非常重要的，因为有些数据结构和算法更适用于稀疏图，而另一些则更适用于稠密图。

我们把小测验 1.1 的答案转换为渐进性表示法[①]。首先，如果一个具有 n 个顶点的无向图是连接的，那么边的数量 m 至少与 n 呈线性关系（也就是说，$m=\Omega(n)$）。[②]其次，如果这个图没有平行边，那么 $m=O(n^2)$。[③]我们可以总结为：一个不存在平行边的连接无向图的边数是在顶点数的线性关系与平方关系之间。

通俗地说，如果边的数量大致与顶点的数量呈线性关系，那么这个图就是稀疏图；如果边的数量大致与顶点的数量呈平方关系，那么这个图就是稠密图。例如，具有 n 个顶点和 $O(n \log n)$条边的图一般被认为是稀疏图，而边的数量为$\Omega(n^2/\log n)$的图一般被认为是稠密图。边的数量约等于 $n^{3/2}$ 的"部分稀疏"图既可以认为是稀疏图，又可以认为是稠密图，取决于具体的应用。

1.3.3 小测验 1.1 的答案

正确答案：(a)。在一个具有 n 个顶点并且没有平行边的连接无向图中，边的数量至少为 $n-1$，最多为 $n(n-1)/2$。为了理解这个下界为什么是正确的，可以以图 $G=(V,E)$为例。作为一种理论试验，可以想象在创建 G 时一次创建一条边，从顶点集 V 和 0 条边开始。首先，在添加任何边之前，n 个顶点中的每一个顶点都是完全隔离的，因此这个图可以看成 n 个不同的"片段"。添加一条边(v,w)的效果就是把包含 v 的片段与包含 w 的片段融合在一起（见图 1.4）。因此，每添加一条边，最多会把片段的数量减少 1。[④]为了从 n 个片段最终缩减为 1 个片段，至少需要添加 $n-1$ 条边。有大量的连接图具有 n 个顶点并且只有 $n-1$ 条边，这种图称为树（见图 1.5）。

一个没有平行边的图的最大边数是由完全图实现的，它包含了每一条可能出现的边。

---

① 可以阅读"算法详解"卷 1 的附录 A，回顾一下大 O、大 Ω 和大 Θ 表示法。

② 如果这个图并不需要是连接的，那么最少有 0 条边。

③ 如果允许平行边，那么顶点数量不少于 2 的图的边数可以是任意大。

④ 如果这条边的两个顶点已经在同一个片段中，那么片段的数量就不会减少。

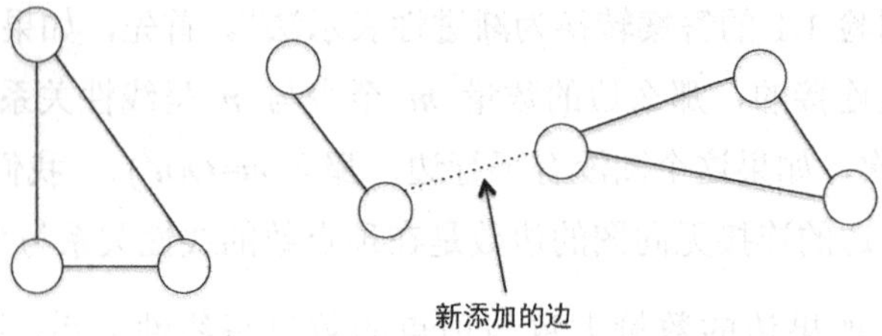

图 1.4 添加一条新边把包含了顶点的两个片段融合为一个片段
在这个例子中，不同片段的数量从 3 减少为 2

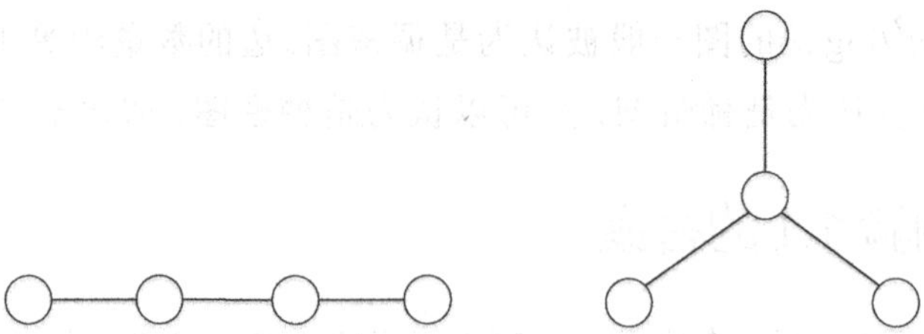

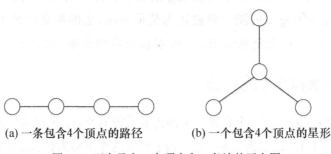

(a) 一条包含4个顶点的路径　　(b) 一个包含4个顶点的星形

图 1.5 两个具有 4 个顶点和 3 条边的无向图

一个具有 n 个顶点的图共有 $\binom{n}{2}=\frac{n(n-1)}{2}$ 对顶点，该值也是边的最大数量。例如，当 $n=4$ 时，边的最大数量是 $\binom{4}{2}=6$（见图 1.6）。[①]

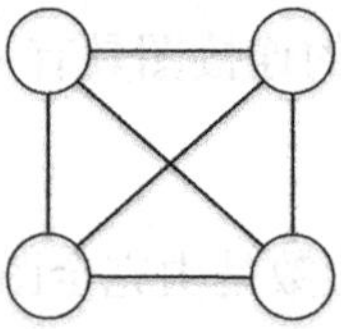

图 1.6 具有 4 个顶点的完全图共有 $\binom{4}{2}=6$ 条边

---

① $\binom{n}{2}$ 的意思是“在 n 个中选择 2 个”，又称“二项式系数”。为了理解为什么从一组 n 个对象中选择一对不同的无序对象的方法数量是 $\frac{n(n-1)}{2}$，可以考虑选择第 1 个对象（从 n 个选项中），然后选择第 2 个对象（从 $n-1$ 个剩余选项中）。在总共 $n(n-1)$ 个结果中，每对 (x, y) 对象都出现了 2 次（一次是首先选择 x，然后选择 y；另一次是首先选择 y，然后选择 x）。因此，不同的顶点对数就是 $\frac{n(n-1)}{2}$。

1.4 图的表示方法

我们可以采用不止一种方法对图进行编码，以便在算法中使用。

在本系列图书中，我们主要采用图的“邻接列表”表示形式（见 1.4.1 节），但读者同时也应该熟悉“邻接矩阵”表示形式（见 1.4.2 节）。

1.4.1 邻接列表

图的邻接列表表示形式是我们在本系列图书中采用的主要形式。

邻接列表的组成部分

1. 一个包含图的顶点集的数组。
2. 一个包含图的边集的数组。
3. 对于每条边，有一个指针指向它的每个顶点。
4. 对于每个顶点，有一个指针指向它的每条关联边。

邻接列表表示形式可以简化为两个数组（或者链表）：一个用于记录顶点，另一个用于记录边。这两个数组以一种自然的方式交叉引用对方，每条边都有相关联的指针指向它的每个顶点，每个顶点都有指针指向以它为顶点的边。

对于有向图，每条边记录哪个顶点是尾顶点，哪个顶点是头顶点。每个顶点 v 维护两个指针数组，一个表示外向边（v 是尾顶点），另一个表示入射边（v 是头顶点）。

邻接列表表示形式的内存需求是怎么样的呢？

小测验 1.2

图的邻接列表表示形式需要多大的空间？（用顶点数量和边的数量的函数形式表示。）

（a）$\Theta(n)$

（b）$\Theta(m)$

（c）$\Theta(m+n)$

（d）$\Theta(n^2)$

（正确答案和详细解释参见 1.4.4 节。）

1.4.2 邻接矩阵

考虑一个无向图 $G=(V, E)$，它具有 n 个顶点且没有平行边，并用 $1,2,3,\cdots,n$ 标识它的顶点。G 的邻接矩阵表示形式是一个 $n\times n$ 矩阵 $\boldsymbol{A}$，相当于一个二维数组，其元素是 0 或 1。每个元素 A_{ij} 被定义为：

如果边(i, j)属于 E，则 $A_{ij}=1$；

否则，$A_{ij}=0$。

因此，邻接矩阵用一位表示每一对顶点，标记这对顶点之间是否存在边（见图 1.7）。

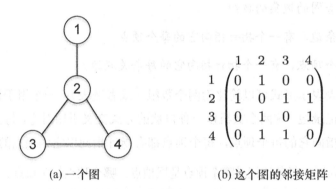

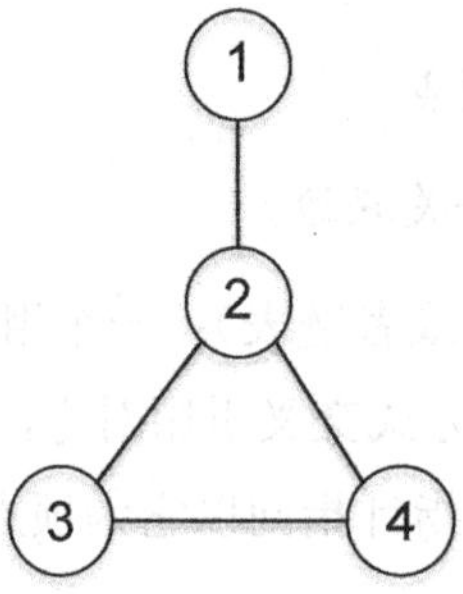

(a) 一个图

$$\begin{array}{c} \\ 1 \\ 2 \\ 3 \\ 4 \end{array}\begin{array}{c} \begin{array}{cccc} 1 & 2 & 3 & 4 \end{array} \\ \begin{pmatrix} 0 & 1 & 0 & 0 \\ 1 & 0 & 1 & 1 \\ 0 & 1 & 0 & 1 \\ 0 & 1 & 1 & 0 \end{pmatrix} \end{array}$$

(b) 这个图的邻接矩阵

图 1.7 图的邻接矩阵为每一对顶点维护一位，表示是否存在一条边连接这两个顶点

我们可以很方便地在图的邻接矩阵表示形式中添加一些“花样”，提示更多的信息。

- 平行边。如果在同一对顶点之间有多条边，那么 A_{ij} 可以定义为顶点 i 和 j 之间的边数。
- 权重图。类似地，如果每条边(i, j)具有权重 w_{ij}，例如表示价格或距离，那么每个元素 A_{ij} 可以存储 w_{ij}。

- 有向图。对于有向图 G，邻接矩阵的每个元素被定义为：

如果边(i,j)属于 E，那么 $A_{ij}=1$；

否则，$A_{ij}=0$。

现在，“边(i,j)”表示从 i 到 j 的有向边。每个无向图的邻接矩阵都是对称的，但有向图的邻接矩阵通常是不对称的。

邻接矩阵的内存需求是怎么样的呢？

小测验 1.3

图的邻接矩阵需要占据多大的内存空间呢？（用顶点数量 n 和边的数量 m 的函数形式表示。）

（a）$\Theta(n)$

（b）$\Theta(m)$

（c）$\Theta(m+n)$

（d）$\Theta(n^2)$

（正确答案和详细解释参见 1.4.4 节。）

1.4.3 图的表示形式之间的比较

图有两种不同的表示形式也是一件令人烦恼的事情。我们不禁会问：哪种形式更好呢？答案通常是“取决于具体情况”。首先，它取决于图的密度，也就是边的数量与顶点的数量的相对数量比。小测验 1.2 和小测验 1.3 向我们提示邻接矩阵用于表示稠密图是非常高效的，但用来表示稀疏图是极为浪费的。其次，它取决于我们要支持的操作。综合考虑之下，对于本系列图书所描述的算法和应用，邻接列表是更为合理的表示形式。

大多数与图有关的算法涉及图的探索。邻接列表非常适合进行图的探索，当我们访问一个顶点时，邻接列表立即就能告诉我们接下来可以在哪几个步骤中进行选择。[①]邻接矩阵也有一些合适的应用，但本系列图书并不会讨论这些应用。[②]

当前对快速图元的兴趣大多来自于巨大的稀疏网络。例如，我们可以考虑Web图（见1.2节），其中顶点对应于Web页面，有向边对应于超链接。对这种类型的图的大小进行精确的测量是非常困难的，但还是在现代计算机的能力范围之内。保守地估计，顶点数量的下界大约是100亿（10^{10}）。存储和读取如此长度的数组需要巨量的计算资源，不过现代计算机还是能够胜任。但是，这种图的邻接矩阵的大小规模达到了百万的三次方的100倍（10^{20}）。对于当前的技术而言，存储和处理如此巨量的数据是力所不及的。但是，Web图是稀疏图，从一个顶点出发的边的平均数量小于100。因此，Web图的邻接列表的内存需求大约为10^{12}（万亿级）。这个规模对于笔记本计算机来说可能过于庞大，但对于最前沿的数据处理系统而言，还是在它的能力范围之内的。[③]

1.4.4 小测验1.2和小测验1.3的答案

小测验1.2的答案

正确答案：(c)。邻接列表表示形式所需要的空间与图的大小（即顶点的数量加上边的数量）呈线性关系，是比较理想的。[④]要理解这一点略有难度，我们逐个观察它的4个组成部分。顶点数组和边数组的长度分别是n和m，分别需要$\Theta(n)$和$\Theta(m)$的空间。第3个组成部分将两个指针与每条边相关联（每个顶点与一个指针关联），这$2m$个指针产生了额外的$\Theta(m)$的空间需求。

第4个组成部分可能会令我们感到困惑。无论怎样，总共n个顶点中的每一个顶点均可以参与到多达$n-1$条的边中，即可以与其他的每个顶点形成一条边，因此看上去会导致空间需求的上界为$\Theta(n^2)$。这种平方级的上界对于极为稠密的图而言是准确的，但对于稀疏图来说却显得过大了。关键在于：对于第4个组成部

① 如果只能使用图的邻接矩阵表示形式，那么如何才能确定一个特定的顶点相关联的边是哪几条呢？

② 例如，我们可以通过探索图的邻接矩阵，立即算出每对顶点的公共邻居的数量。

③ 例如，Google原创的用于评估网页重要性的网页排名算法的本质就依赖于Web图的高效搜索。

④ 警告：邻接矩阵增加了一个维度，因此它的主要约束条件更大。前导的常数因子要比邻接矩阵大一个数量级。

分中的每个"顶点→边"指针，在第 3 个组成部分中都存在一个对应的"边→顶点"指针。如果边 e 指向顶点 v，那么边 e 就有一个指向这个顶点 v 的指针。反之，顶点 v 也有一个指向它的关联边 e 的指针。我们可以得出结论，即第 3 个组成部分和第 4 个组成部分中的指针具有一对一的对应关系，因此它们需要相同数量的空间，也就是 $\Theta(m)$。最终的空间需要：

顶点数组	$\Theta(n)$
边数组	$\Theta(m)$
从边到顶点的指针	$\Theta(m)$
+ 从顶点到关联边的指针	$\Theta(m)$
总共	$\Theta(m+n)$

无论图是否为连接图，以及图是否具有平行边，这个 $\Theta(m+n)$ 的上界均适用。①

小测验 1.3 的答案

正确答案：(d)。邻接矩阵的一种简单存储方法是一个 $n \times n$ 的二维位数组，这需要 $\Theta(n^2)$ 的空间，不过还有一个较小的隐藏常量因子。对于稠密图，边的数量接近于 n 的平方，邻接矩阵所需要的空间大致与图的大小呈线性关系。但是，对于边的数量大致与 n 呈线性关系的稀疏图，邻接矩阵表示形式太浪费空间了。②

1.5 本章要点

- 图是对象之间逐对关系的一种表示形式，例如社交网络中的朋友关系、Web 页面之间的超链接关系或任务之间的依赖关系。
- 图由一组顶点和一组边组成。在无向图中，边是没有方向的；在有向图中，边是有方向的。

---

① 如果是连接图，那么 $m \geqslant n-1$（小测验 1.1 的结论），因此可以用 $\Theta(m)$ 代替 $\Theta(m+n)$。

② 对稀疏矩阵（即存在大量 0 的矩阵）使用一些存储和操作技巧，可以减少这种浪费。例如，MATLAB 和 Python 的 SciPy 程序包均支持稀疏矩阵表示形式。

- 如果图中边的数量 m 大致与顶点的数量 n 呈线性关系，那么这种图就是稀疏图。如果图中边的数量 m 大致与顶点的数量 n 呈平方关系，那么这种图就是稠密图。
- 图的邻接列表表示形式维护图的顶点数组和边数组，彼此之间以一种自然的方式实现交叉引用，它所需要的空间与顶点和边的总数量呈线性关系。
- 图的邻接矩阵表示形式为每一对顶点维护 1 个位，用于记录它们之间是否存在一条边。这种表示形式所需要的空间与顶点的数量呈平方关系。
- 邻接列表表示形式适用于稀疏图以及那些涉及图的探索的应用。

1.6 章末习题

问题 1.1 假设 $G=(V, E)$是个无向图。顶点 $v \in V$ 的度数表示 E 中与顶点 v 相关联的边的数量（即以 v 为终点）。对于图 G 的下面每个条件，是否只有稠密图满足或者只有稀疏图满足？或者部分稠密图和部分稀疏图能满足？和往常一样，$n=|V|$ 表示顶点的数量。假设 n 很大（例如至少为 10 000）。

（a）G 至少有一个顶点的度数最多为 10。

（b）G 的每个顶点的度数最多为 10。

（c）G 至少有一个顶点的度数为 $n-1$。

（d）G 的每个顶点的度数为 $n-1$。

问题 1.2 考虑一个用邻接矩阵表示的无向图 $G=(V, E)$。对于顶点 $v \in V$，为了确定以 v 为顶点的边有哪些，需要多少操作？（用 k 表示这种边的数量。和往常一样，n 和 m 分别表示顶点和边的数量。）

（a）$\Theta(1)$

（b）$\Theta(k)$

（c）$\Theta(n)$

（d）$\Theta(m)$

问题 1.3 考虑一个用邻接列表表示的有向图 $G=(V, E)$，它的每个顶点存储了一个数组，包含了每一条从它所发射的边（但不包括入射到它的边）。对于顶点 $v \in V$，为了确定 v 有哪些入射边，需要多少操作？（用 k 表示这种边的数量。和往常一样，n 和 m 分别表示顶点和边的数量。）

（a）$\Theta(1)$

（b）$\Theta(k)$

（c）$\Theta(n)$

（d）$\Theta(m)$

第2章

图的搜索及其应用

本章讨论与图的搜索及其应用有关的基础知识。本章将要讨论的所有算法都具有令人惊叹的高速度（具有较小常数因子的线性时间），但它们的工作方式并不是特别容易理解。本章的重点是只用两遍深度优先的搜索就完成了有向图的强连通分量的计算（见 2.6 节），生动地描述高速的算法往往需要我们对问题的结构具有深刻的洞察力。

本章首先是概述内容（见 2.1 节），解释了要关注图的搜索的部分原因，并介绍了在不进行任何冗余工作的前提下对图进行搜索的一种通用策略。本节还对两种重要的搜索策略——宽度优先的搜索（BFS）和深度优先的搜索（DFS）——进行了高层次的描述。2.2 节和 2.3 节详细描述了 BFS，包括它在最短路径计算和无向图的连通分量的计算方面的应用。2.4 节和 2.5 节深入探讨了 DFS，并讨论了如何用它计算有向无环图的拓扑顺序（相当于在遵循优先级约束的前提下对任务进行序列化）。2.6 节使用 DFS 在线性时间内计算有向图的强连通分量。2.7 节解释了为什么这种快速图元可用于对 Web 的结构进行探索。

2.1 概述

本节对图的搜索算法及其应用进行了概述。

2.1.1 一些应用

为什么需要对图进行搜索呢？或者说为什么要判断一个图是否包含了一条从点 A 到点 B 的路径呢？下面仅仅是众多理由中的几个。

检查连通性。在诸如道路网或计算机网络这样的实体网络中，一种重要的检查标准就是判断是否可以从一个地点到达另一个地点。也就是说，对于点 A 和点 B，网络中应该存在一条路径从前者出发到达后者。

连通性对于表示对象之间逐对关系的抽象图（非实体图）也非常重要。一种非常有趣的网络是电影网络，其中顶点对应于电影演员，当两名演员在同一部电影中出演时，他们之间就由一条无向边予以连接。①例如，“不同演员之间的分离度是多少”这类统计数字中较有名的就是 Bacon 数②，表示一名演员通过电影网络联系到著名影星 Kevin Bacon 最少需要几次跳跃。因此，Kevin Bacon 本身的 Bacon 数是 0，每一名与 Kevin Bacon 在同一部电影中出演的演员的 Bacon 数是 1，每一名与 Bacon 数为 1 的演员在同一部电影中出过场的演员（但不包括 Kevin Bacon 本人）的 Bacon 数是 2，接下来以此类推。例如，因为在有线电视系列剧《广告狂人》（*Mad Men*）中饰演 Don Draper 而声名大噪的 Jon Hamm 的 Bacon 数为 2。Hamm 从来不曾与 Bacon 在同一部电影中出现，但他在 Colin Firth 主演的《单身男人》（*A Single Man*）中出演过一个小角色，而 Firth 和 Bacon 共同出演了 Atom Egoyan 执导的《何处寻真相》（*Where the Truth Lies*），如图 2.1 所示。③

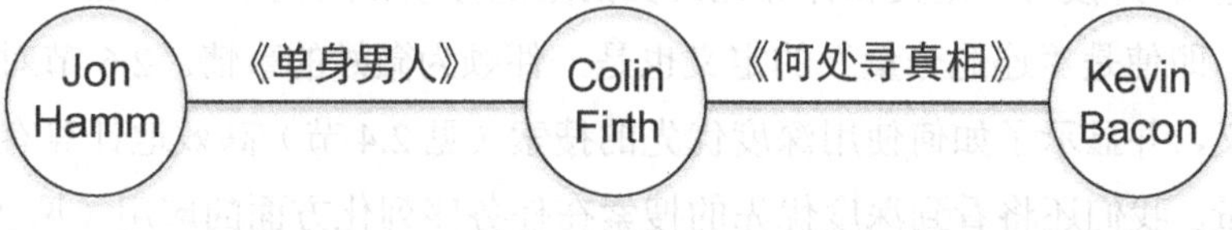

图 2.1 电影网络的一个片段，显示了 Jon Hamm 的 Bacon 数至少为 2

---

① 参见 The Oracle of Bacon 网站。

② Bacon 数是 Erdös 数这个概念的一种新叫法，后者是根据著名数学家 Paul Erdös 而取名的，它在共同作者图中测量从 Erdös 出发的分离度（每个顶点表示一名研究人员，两名研究人员如果共同发表过一篇论文，他们之间就有一条边相连）。

③ Bacon 和 Hamm 之间还有很多其他的两级跳跃路径。

最短路径。Bacon 数所关心的是电影网络中两个顶点之间的最短路径，也就是参与的边数最少的路径。我们将在 2.2 节中看到，一种称为宽度优先的图搜索策略可以很自然地计算最短路径。有大量的其他问题可以最终简化为最短路径的计算，其中“最短”的定义取决于具体的应用（如最大限度地缩短行车路线、计算最少的机票金额等）。第 3 章的主题是 Dijkstra 的最短路径算法，它建立在宽度优先搜索的基础之上，用于解决更为基本的最短路径问题。

规划。图中的一条路径并不一定要表示实体网络中的一条实际路径。按照更加抽象的说法，路径是让我们从一个状态变化到另一个状态所采取的一系列决策。图的搜索算法可以应用于抽象图，计算从一个初始状态到达一个目标状态所需要的规划。例如，我们希望采用一种算法解决一个数独难题。我们可以把图中的顶点对应于部分完成的数独难题（81 个空格的其中几个，但不违反数独规则），把有向边对应于填充数独难题中的一个新格（按照数独的规则进行填写）。获取数独难题的答案完全可以对应于计算一条从数独难题的起始顶点到达解决该难题的最后一个顶点的有向路径。[①]另举一个例子，用机器人手臂抓住一个咖啡杯在本质上也是一种规划问题。在相关联的图中，顶点对应于机器人手臂可能出现的配置，边对应于手臂配置中微小的可实现的变化。

连通分量。我们还将看到一些建立在图的搜索基础上的算法，用于计算图的连通分量（“片段”）。定义和计算无向图的连通分量相对简单（见 2.3 节）。对于有向图，即使是“连通分量”的定义也是一件颇为微妙的事情。2.6 节对它们进行了定义，并显示了如何使用深度优先的搜索（见 2.4 节）高效地计算有向图的连通分量。我们还将看到深度优先的搜索在任务序列化方面的应用（见 2.5 节），并可以帮助我们理解 Web 图的结构（见 2.7 节）。

2.1.2 零代价的基本算法

2.1.1 节的例子说明了图的搜索是一种基本并且可以广泛应用的快速算法。

① 由于这样的图过于庞大，很难明确地写下来，所以现实的数独解题者会采用一些其他思路。

在本章中，我很高兴地宣布，我们的所有算法都具有令人惊叹的高运算速度，运行时间仅仅是 $O(m+n)$，其中 m 和 n 分别表示图的边数和顶点数。[①]与读取输入所需要的时间相比，它只不过是大一些的常数因子而已！[②]我们可以得出结论，这些算法是“零代价的基本算法”。当我们处理图数据时，可以毫无负担地使用这样的算法收集相关的信息。[③]

零代价的基本算法

我们可以把具有线性或近似线性运行时间的算法看作本质上“零代价”的基本算法，因为它们所使用的计算量比读取输入多不了多少。当我们的问题存在一个相关联的具有令人惊叹的高运算速度的基本算法时，为什么不使用它呢？例如，我们总是可以在一个预处理步骤中计算图数据的连通分量，即使我们并不知道这个数据以后是否有用。本系列图书的目的之一就是让我们的算法工具箱内包含尽可能多的零代价基本算法，在需要的时候可以随时应用。

2.1.3 通用的图搜索算法

对于图的搜索算法而言，关键在于解决下面的问题。

问题：图的搜索

输入： 无向图或有向图 $G=(V, E)$，起始顶点 $s \in V$。

目标： 识别 G 的顶点集合 V 中从 s 可以到达的所有顶点。

所谓顶点 v“可到达”的意思是在 G 中存在一个边的序列，能够从 s 到达 v。如果 G 是有向图，那么路径中的所有边都应该向前访问（向外）。例如，在图 2.2(a)中，从 s 可到达的顶点集合是 $\{s,u,v,w\}$。在图 2.2(b)的有向图版本中，

---

① 另外，被大 O 记法隐藏的常数因子相对较小。

② 在图的搜索和连通性问题中，没有理由认为输入图必定是连通的。在 m 的数量可能远远小于 n 的未连通图中，图的长度是 $\Theta(m+n)$，并不一定能简化为 $\Theta(m)$。

③ 能不能做得更好？不行，最大限度就是隐藏的常数因子，因为每种正确的算法至少需要读取输入。

不存在从 s 到 w 的有向路径，只有 s、u 和 v 是可以从 s 出发通过有向路径到达的。[①]

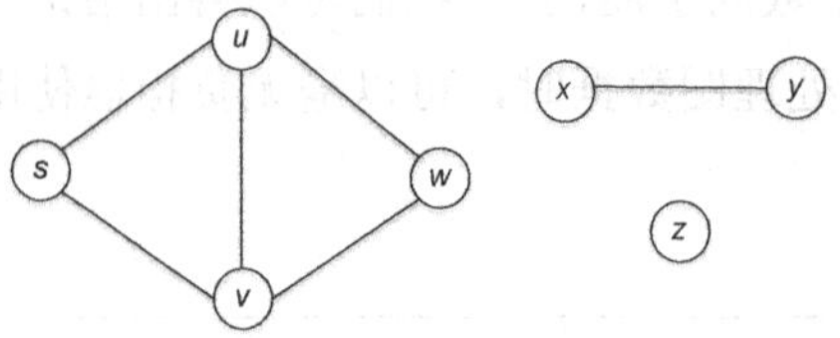

(a) 无向图版本

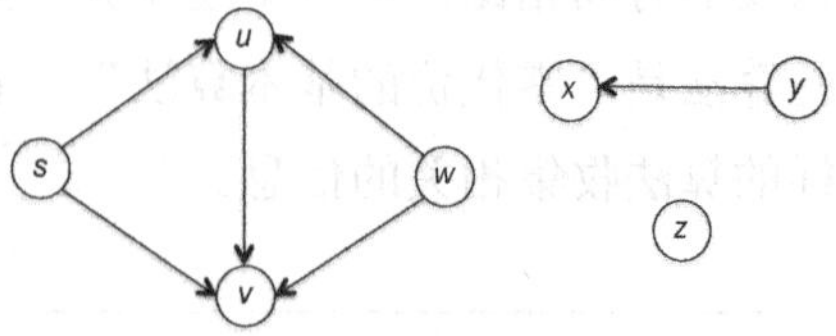

(b) 有向图版本

图 2.2 在（a）中，从 s 可到达的顶点集合是 $\{s,u,v,w\}$。在（b）中，从 s 可到达的顶点集合为 $\{s,u,v\}$

我们所关注的两种搜索策略分别是宽度优先的搜索和深度优先的搜索，它们是通用的图搜索算法实例化之后的不同方法。通用的图搜索算法会系统性地找到所有可到达的顶点，并注意避免两次探索同一个顶点。该算法为每个顶点维护一个额外的变量，记录顶点是否已经被探索。它在第一次到达某个顶点时为它植入一个标志。主循环的职责是在每次迭代时访问一个新的未探索顶点。

GenericSearch

输入： 图 $G=(V, E)$，顶点 $s \in V$。

完成状态： 当且仅当一个顶点被标记为“已探索”时，它才是从 s 可到达的。

```
把 s 标记为已探索，所有其他顶点均标记为未探索
while 存在一条边(v,w)∈E 且 v 已探索、w 未探索
  do
  选择一条这样的边(v,w)     // 不够明确
  把 w 标记为已探索
```

这个算法在本质上对于有向图和无向图是相同的。如果是有向图，那么在 while 循环的一次迭代中所选择的边 (v,w) 应该是一条从已探索顶点 v 到未探索顶点 w 的有向边。

① 一般而言，本章的大多数算法和论证同时适用于无向图和有向图。一个明显的例外是在计算连通分量的时候，这个问题在有向图中要比在无向图中更为复杂。

关于伪码

本系列图书在解释算法时混合使用了高级伪码和日常语言(就像上文一样),并假设读者有能力把这种高级描述转换为自己所擅长的编程语言的工作代码。有些图书和网络上的一些资源使用某种特定的编程语言提供各种算法的具体实现。

强调用高级描述代替特定语言的实现的第一个优点是它的灵活性:我假设读者熟悉某种编程语言,但我并不关注具体是哪种。其次,这种方法可以帮助我们在一个更深的概念层次上加深对算法的理解,而不被底层细节所干扰。经验丰富的程序员和计算机科学家一般是站在较高的层次上对算法进行思考和交流的。

但是,要对算法有深入的理解,最好能够亲自实现它们。我强烈建议读者只要有时间,就应该尽可能多地实现本书所描述的算法。(这也是学习一种新的编程语言的合适借口!)后续每章最后的编程问题和支持测试用例提供了这方面的指导意见。

例如,在图 2.2(a)中,一开始只有起始顶点 s 被标记为已探索。在 while 循环的第一次迭代中,有(s,u)和(s,v)两条边满足循环条件。GenericSearch 算法选择这两条边中的一条(假设是(s,u)),并把 u 标记为已探索。在循环的第二次迭代中,同样存在(s,v)和(u,w)两个选择。算法可能会选择(u,w),在这种情况下把 w 标记为已探索。又经过一次迭代(选择了(s,v)或(w,v))之后,v 被标记为已探索。此时,边(x,y)具有两个未探索的顶点,而其他边的两个顶点都是已探索的,因此算法终止。正如我们所期望的,被标记为已探索的顶点 s、u、v 和 w 正是可以从 s 到达的顶点。

这种通用的图搜索算法是不够明确的,因为在 while 循环的一次迭代中有多条边(v,w)可供选择。宽度优先的搜索和深度优先的搜索对应于下一步选择探索哪条边的两种特定决策。无论进行什么选择,GenericSearch 算法都能够保证是正确的(无论是无向图还是有向图)。

命题 2.1（通用的图搜索算法的正确性） 作为 GenericSearch 算法的结论，当且仅当 G 中存在一条从 s 到 v 的路径时，顶点 $v \in V$ 被标记为已探索。

2.1.5 节提供了命题 2.1 的形式证明，如果读者觉得这个命题显而易见是正确的，那么可以跳过这个证明。

关于辅助结论、定理等名词

在数学著作中，最重要的技术性陈述称为定理。辅助结论是一种帮助证明定理的技术性陈述（就像一个子程序帮助实现一个更大的程序一样）。推论是一种从已经被证明的结果中引导产生的陈述，例如一个定理的一种特殊情况。对于那些本身并不是特别重要的独立的技术性陈述，我们将使用命题这个术语。

GenericSearch 算法的运行时间是什么呢？

GenericSearch 算法对于每条边最多只探索 1 次，在边(v,w)第一次被探索时，v 和 w 均被标记为已探索，这条边将不会被再次考虑。这个事实表明我们应该能够在线性时间内实现这个算法，只要能够在 while 循环的每次迭代中快速地找到一条合适的边(v,w)。我们将分别在 2.2 节和 2.4 节看到宽度优先的搜索和深度优先的搜索在这个方面的细节。

2.1.4 宽度优先的搜索和深度优先的搜索

GenericSearch 算法的每次迭代在图的已探索部分中选择在“边界”上的一条边，其中一个顶点被标记为已探索，另一个顶点被标记为未探索（见图 2.3）。这样的边可能有多条，为了使算法更为明确，需要使用一种方法在这些边中选择一条。我们将把注意力集中在两种重要的策略上：宽度优先的搜索和深度优先的搜索。它们都是对图进行探索的优秀方法，分别应用于不同的场景。

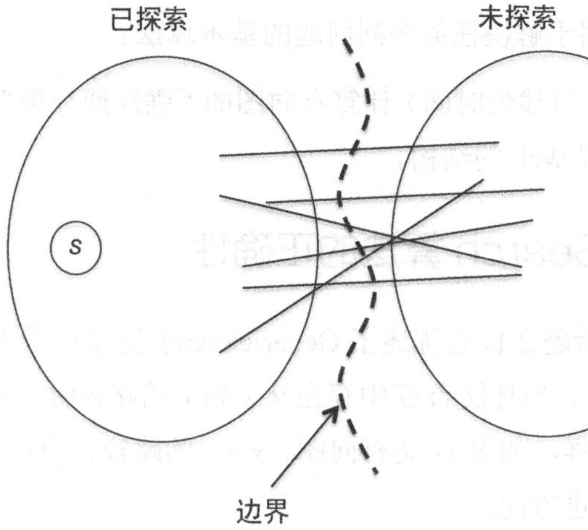

图 2.3 GenericSearch 算法的每次迭代选择在“边界”上的一条边，该边的一个顶点已探索，另一个顶点未探索

宽度优先的搜索（Breadth-first Search，BFS）。宽度优先的搜索的高层思路是精心地按“层”探索一个图的顶点。第 0 层只包含起始顶点 s。第 1 层包含了 s 的邻居顶点，它的含义是：如果(s,v)是该图的一条边（如果是有向图，边的方向从 s 到 v），那么顶点 v 就位于第 1 层。第 2 层包含了第 1 层顶点的邻居顶点中不属于第 0 层或第 1 层的顶点。接下来以此类推。在 2.2 节和 2.3 节中，我们将看到如下内容。

- 如何使用队列（先进先出）数据结构以线性时间实现 BFS。
- 如何使用 BFS（以线性时间）计算一个顶点和其他所有顶点的最短路径的长度，其中第 i 层的顶点与 s 的距离正好都是 i。
- 如何使用 BFS（以线性时间）计算无向图的连通分量。

深度优先的搜索（Depth-first Search，DFS）。深度优先的搜索也许更为重要。DFS 采用了一种更为激进的策略对图进行探索，它的思想与探索迷宫非常相似，就是尽可能地深入，只有在没有办法的情况下才会回溯。在 2.4 节～2.7 节中，我们将看到如下内容。

- 如何使用递归或显式的堆栈（后进先出）数据结构以线性时间实现 DFS。
- 如何使用 DFS（以线性时间）计算有向无环图的顶点拓扑顺序，这是一种非常实用的用于解决任务序列问题的基本算法。

- 如何使用 DFS（以线性时间）计算有向图的“强连通分量”，并提供了一些应用帮助理解 Web 的结构。

2.1.5 GenericSearch 算法的正确性

现在，我们来证明命题 2.1，它陈述了 GenericSearch 算法在输入图 $G=(V, E)$、起始顶点 $s\in V$ 时的结论。当且仅当 G 中存在从 s 到 v 的路径时，顶点 $v\in V$ 被标记为已探索。和往常一样，如果 G 是有向图，$s\rightarrow v$ 的路径也应该是有向的，路径中所有的边都按照前进方向。

这个命题中的“仅当”应该非常直观：GenericSearch 算法发现新顶点的唯一方式就是沿着从 s 开始的路径。①

这个命题中的“当”陈述了一个稍不明显的事实，就是 GenericSearch 算法并不会错过任何顶点，它会找到每个它应该发现的顶点。对此，我们将使用反证法。在这种类型的证明中，我们先假设自己要证明的结论的反论是正确的，然后在这个假设的基础上建立一系列逻辑正确的步骤，最终累积产生一个明显错误的结果。出现这样的矛盾，说明这个假设是不成立的，反过来证明原先的结论是正确的。

因此，假设图 G 中存在一条从 s 到 v 的路径，但 GenericSearch 算法忽视了它，最终把顶点 v 标记为未探索。设 $S\subseteq V$ 表示 G 的顶点中被这个算法标记为已探索的顶点。顶点 s 属于 S（在算法的第 1 行），而顶点 v 则不属于 S（根据假设）。由于 $s\rightarrow v$ 路径是从 S 内部的一个顶点到达 S 外部的一个顶点，所以这条路径至少有一条边 e 的其中一个端点 u 在 S 中，而另一个端点 w 在 S 之外（如果 G 是有向图，那么此时 e 的方向是从 u 指向 w），参见图 2.4。但是，这种情况是不可能发生的：边 e 在 GenericSearch 算法的 while 循环中是可以被选择的，而该算法肯定还会继续探索，不可能将其放弃！GenericSearch 没有办法在这个时候终止，于是就出现了一个悖论。这个悖论反过来支持了

① 如果我们要严谨地证明这一点，就必须通过一些循环迭代进行归纳。

命题 2.1 的证明。

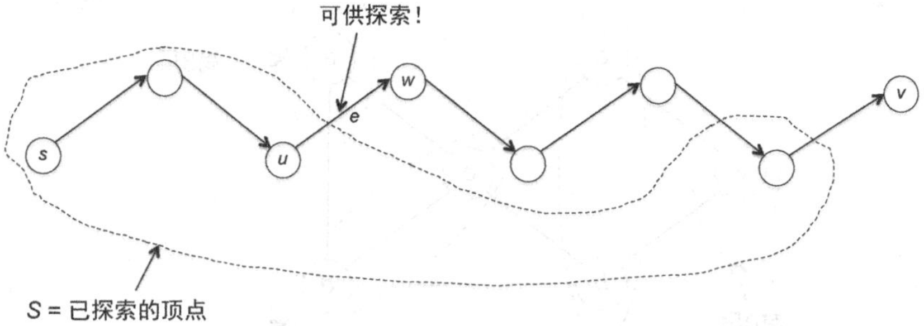

图 2.4 命题 2.1 的证明。只要 GenericSearch 算法还没有发现所有可到达的顶点，就存在可以进一步探索的边

2.2 宽度优先的搜索和最短路径

现在，我们把注意力集中在第一种特定的图搜索策略：宽度优先的搜索。

2.2.1 高层思路

宽度优先的搜索按照与起始顶点从近到远的顺序对顶点按层进行探索。第 0 层除了起始顶点 s 之外没有其他任何顶点。第 1 层是那些与 s 只有 1 次跳跃距离的顶点集合，也就是 s 的邻居顶点。在宽度优先的搜索中，它们是在 s 之后立即被探索的。例如，在图 2.5 中，a 和 b 是 s 的邻居顶点，它们组成了第 1 层。一般而言，第 i 层的顶点就是第 i–1 顶点的邻居顶点，同时它们又不属于第 0、1、2、…、i–1 层。宽度优先的搜索在完成对第 i –1 层的所有顶点的探索之后对第 i 层的所有顶点进行探索。（无法从 s 到达的顶点不属于任何层。）例如，在图 2.5 中，第 2 层顶点是 c 和 d，因为它们与第 1 层顶点相邻，同时本身又不属于第 0 层或第 1 层。（顶点 s 也是第 1 层顶点的邻居，但它属于第 0 层。）图 2.5 中的最后一层只由顶点 e 组成。

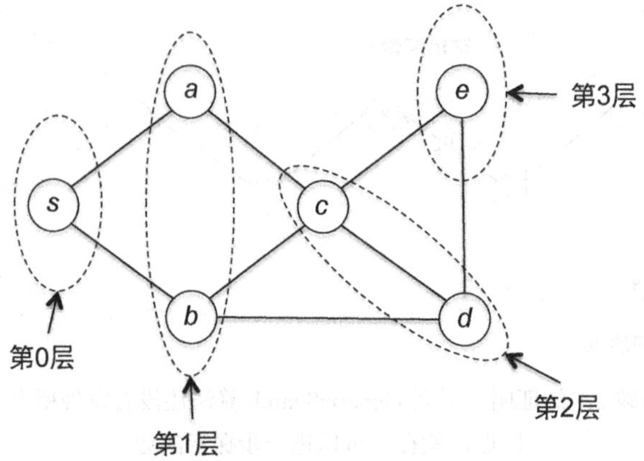

图 2.5 宽度优先的搜索按层探索顶点。第 i 层的顶点是第 i–1 层顶点的邻居顶点中在更近的层次中没有出现过的顶点

小测验 2.1

考虑一个具有 $n\geqslant 2$ 个顶点的无向图，它的最小层数和最大层数分别是多少？

（a）1 和 n–1

（b）2 和 n–1

（c）1 和 n

（d）2 和 n

（正确答案和详细解释参见 2.2.6 节。）

2.2.2 BFS 的伪码

以线性时间实现宽度优先的搜索要求一种简单的“先进先出”的数据结构，称为队列。BFS 使用一个队列记录接下来探索哪些顶点。如果读者不熟悉队列，现在就是通过自己喜欢的编程入门图书（或通过网络）进行学习的良好时机。最关键的是要理解队列这种数据结构维护了一个对象列表，可以在常数级的运行时间内在队列的头部删除数据项或者在队列的尾部添加数据项。[1]

BFS

输入：邻接列表表示形式的图 $G=(V, E)$和顶点 $s\in V$。

完成状态：当且仅当一个顶点被标记为"已探索"时，它是可以从 s 到达的。

```
1 把 s 标记为已探索，所有其他顶点标记为未探索
2 Q := 一个队列数据结构，用 s 进行初始化
3 while Q 不为空 do
4   从 Q 的头部删除一个顶点，称之为 v
5   for 每条边(v,w)都在 v 的邻接列表中 do
6       if  w 为未探索 then
7             把 w 标记为已探索
8             把 w 添加到 Q 的尾部
```

while 循环的每次迭代探索一个新的顶点。在第 5 行，BFS 对所有的其中一端为 v 的边（如果 G 是无向图）或所有从 v 出发的边（如果 G 是有向图）进行迭代。[2] v 的未探索邻居顶点被添加到队列的尾部并被标记为已探索。它们最终将在算法后面的某次迭代中被处理。

2.2.3 BFS 的一个例子

现在让我们观察这段伪码是如何应用于图 2.5 中的。图中的顶点按照插入到队列的顺序（相当于探索的顺序）进行编号。起始顶点 s 总是第一个被探索的。while 循环的第 1 次迭代从队列 Q 中提取 s 并在随后的 for 循环中检查边(s,a)和(s,b)，检查顺序与它们在邻接列表中的出现顺序相同。由于 a 和 b 均没有被标记为已探索，所以它们被插入到队列中。假设边(s,a)首先出现，因此 a 在 b 之前被插入。图和队列的当前状态见图 2.6。

---

① 我们可能永远不需要从头实现队列，因为它们是绝大多数现代编程语言内置的数据结构。如果要亲自实现一个队列，那么可以使用双链表。或者，如果预先知道需要存储的对象的最大数量（在 BFS 中用$|V|$表示），那么也可以改用一个固定长度的数组和几个索引（用于记录队列的头部和尾部）。

② 在这个步骤中，输入图用邻接列表表示是极为方便的。

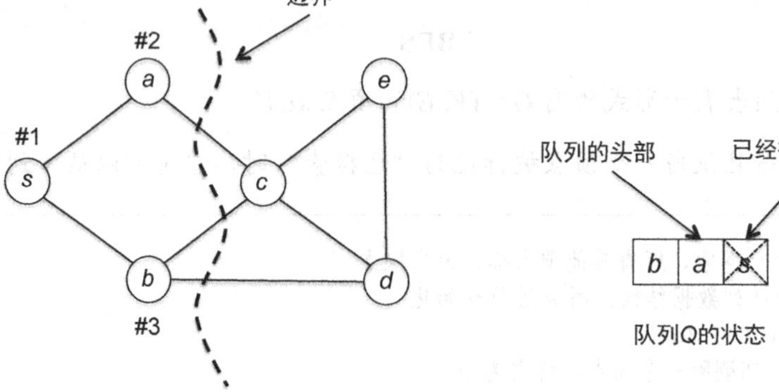

图 2.6 while 循环第 1 次迭代时图和队列的状态

while 循环的下一次迭代从队列的头部提取顶点 *a*，并考虑与它相关联的边(*s*,*a*)和(*a*,*c*)。经过检查确认 *s* 已经被标记为已探索之后，它会跳过边(*s*,*a*)，并把（之前未探索的）顶点 *c* 添加到队列的尾部。循环的第 3 次迭代从队列的头部提取顶点 *b*，并把顶点 *d* 添加到队列的尾部（因为 *s* 和 *c* 已经被标记为已探索，所以被跳过）。图和队列的新状态如图 2.7 所示。

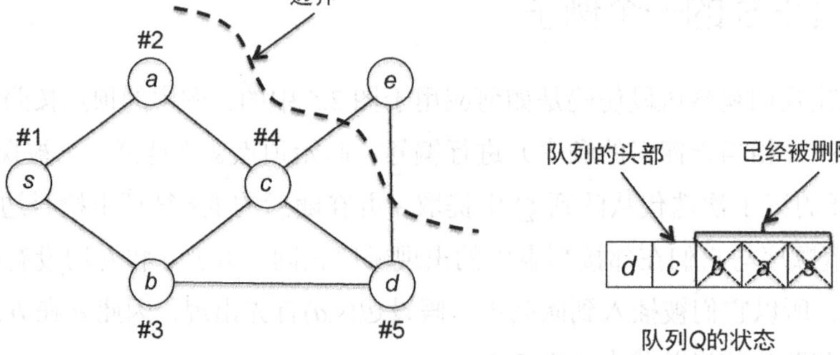

图 2.7 while 循环第 3 次迭代时图和队列的状态

在第 4 次迭代中，顶点 *c* 从队列的头部移除。在它的邻居顶点中，*e* 是唯一在之前没有遇到过的，因此它被添加到队列的尾部。最后两次迭代先后从队列中提取 *d* 和 *e*，并证实它们的所有邻居顶点已经被探索过。此时队列为空，算法便告终止。顶点是按照层次的先后进行探索的，第 *i* 层的顶点是在第 *i*−1 层的顶点完成探索之后立即进行探索的（见图 2.8）。

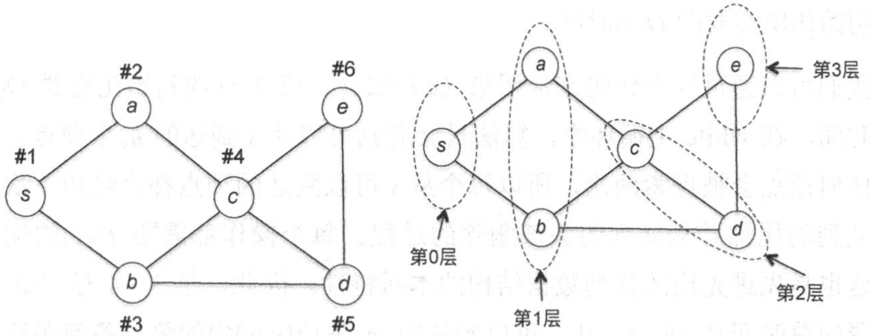

(a) 探索的顺序　　(b) 层

图 2.8　在宽度优先的搜索中，第 i 层顶点是在第 i–1 层顶点被探索之后立即进行探索的

2.2.4　正确性和运行时间

宽度优先的搜索可以发现从起始顶点出发的所有可到达顶点，它的运行时间为线性时间。定理 2.1(c)给出的更加细化的运行时间下界在计算连通分量（在 2.3 节描述）的线性时间算法时将会用到。

定理 2.1（BFS 的属性）　对于每个用邻接列表表示的无向图或有向图 $G=(V,E)$以及每个起始顶点 $s\in V$，存在：

（a）若 BFS 完成，当且仅当 G 中存在一条从 s 到 v 的路径时，顶点 $v\in V$ 被标记为已探索；

（b）BFS 的运行时间是 $O(m+n)$，其中 $m=|E|$，$n=|V|$；

（c）BFS 的第 2～8 行的运行时间是 $O(m_s+n_s)$，其中 m_s 和 n_s 分别表示 G 中从 s 可以到达的边数和顶点数。

证明：第（a）部分的结论来自命题 2.1 通用的图搜索算法 GenericSearch 所

作出的保证，而 BFS 是 GenericSearch 的一种特殊情况。[①]第（b）部分的结论来自第（c）部分，因为 BFS 的整体运行时间就是第 2～8 行的运行时间加上第 1 行的初始化所需要的 $O(n)$时间。

我们可以通过检查伪码来证明第（c）部分。第 2 行的初始化需要 $O(1)$的运行时间。在 while 主循环中，算法只会遇到可以从 s 到达的 n_s 个顶点。由于没有任何顶点会被探索两次，所以每个从 s 可以到达的顶点都会经历 1 次被添加到队列的尾部并从队列的头部删除的过程。每个操作都需要 $O(1)$的运行时间，这也是先进先出的队列数据结构的本质特性。因此，第 3～4 行和第 7～8 行花费的总时间是 $O(n_s)$。从 s 可以到达的 m_s 条边(v,w)中的每一条都在第 5 行最多被处理两次，一次是当 v 是已探索时，另一次是当 w 是已探索时。[②]因此，第 5～6 行花费的总时间是 $O(m_s)$。这样，第 2～8 行的整体运行时间就是 $O(m_s+n_s)$。

2.2.5 最短路径

定理 2.1 的属性并不是宽度优先的搜索独有的。例如，它们对于深度优先的搜索也是成立的。BFS 的独到之处在于，只需要几行额外的代码，它就可以有效地计算出最短路径的长度。

问题定义

在图 G 中，我们使用 $\mathrm{dist}(v, w)$这种记法表示从 v 到 w 的一条边数最少的路径（如果 G 中不存在从 v 到 w 的路径，就用$+\infty$表示）。[③]

---

① 从形式上说，BFS 相当于 GenericSearch 的一种特殊版本。在此版本的 while 循环的每次迭代中，算法选择 v 最早被发现的可供选择的边(v,w)，它是在 v 可选择的边中根据它们在 v 的邻接列表中的顺序作出选择的。如果觉得上面的说法过于复杂，可以阅读命题 2.1 的证明，它对于宽度优先的搜索同样适用。从理论上说，宽度优先的搜索只是通过探索从 s 开始的路径来发现顶点，只要它还没有探索完一条路径上的每个顶点，这条路径上的“下一个顶点”仍然在队列中等待未来的探索。

② 如果 G 是有向图，那么每条边最多只处理 1 次，就是当它的尾顶点被处理时。

③ 和往常一样，如果 G 是有向图，那么路径的所有边都应该按照向前的方向访问。

问题：最短路径（单元边的长度）

输入： 无向图或有向图 $G=(V, E)$，起始顶点 $s \in V$。

输出： 每个顶点 $v \in V$ 的 dist(s,v)。[①]

例如，如果 G 是电影网络，s 是与 Kevin Bacon 对应的顶点，那么计算最短路径的问题就成为计算每个人的 Bacon 数（2.1.1 节）的问题。基本的图搜索问题（2.1.3 节）对应于确认所有的满足 dist$(s,w) \neq +\infty$的顶点 v 这种特殊情况。

伪码

为了计算最短路径，我们在基本的 BFS 算法中添加了两行代码（“BFS 功能强化版”的第 2 行和第 9 行），它们在算法中所增加的运行时间只是一个较小的常数因子。前一行代码对顶点最短距离的估计值进行初始化，s 初始化为 0，其他顶点则初始化为$+\infty$（即无法从 s 到达）。后面一行代码是在顶点 w 初次被发现时执行的，它计算 w 最终的最短距离长度，就是在触发 w 被发现的顶点 v 的最短路径长度的基础上加 1。

BFS 功能强化版

输入： 邻接列表表示形式的图 $G=(V, E)$和顶点 $s \in V$。

完成状态： 对于每个顶点 $v \in V$，$l(v)$这个值等于真正的最短路径长度 dist(s,v)。

```
1 把 s 标记为已探索，所有其他顶点标记为未探索
2 对于每个顶点 v≠s，l(s):= 0，l(v) := +∞
3 Q:= 一个队列数据结构，用 s 进行初始化
4 while Q 不为空 do
5   从 Q 的头部删除一个顶点，称之为 v
6   for 每条边(v,w) 在 v 的邻接列表中 do
7     if  w 为未探索 then
```

① 问题陈述中“单元边长度”这个词表示 G 的每条边在路径的长度中都表示 1。第 3 章对 BFS 进行了延伸，计算图中每条边的长度为非负值时的最短路径。

```
        把 w 标记为已探索
        l(w) := l(v) + 1
        把 w 添加到 Q 的尾部
```

例子和分析

在我们的演示例子（见图 2.8）中，while 循环的第 1 次迭代发现顶点 a 和 b。由于是 s 触发了它们的发现并且 $l(s) = 0$，因此算法把 $l(a)$和 $l(b)$从$+\infty$重新赋值为 1，如图 2.9 所示。

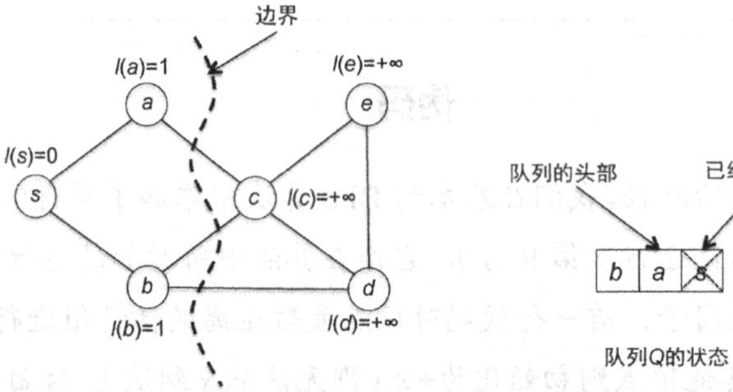

图 2.9 (a)和(b)从+∞变为 1

while 循环的第 2 次迭代处理顶点 a，导致 c 被发现。算法把 $l(c)$从$+\infty$重新赋值为 $l(a)+1$，也就是 2。类似地，在第 3 次迭代中，$l(d)$被设置为 $l(b)+1$，它的值也是 2，如图 2.10 所示。

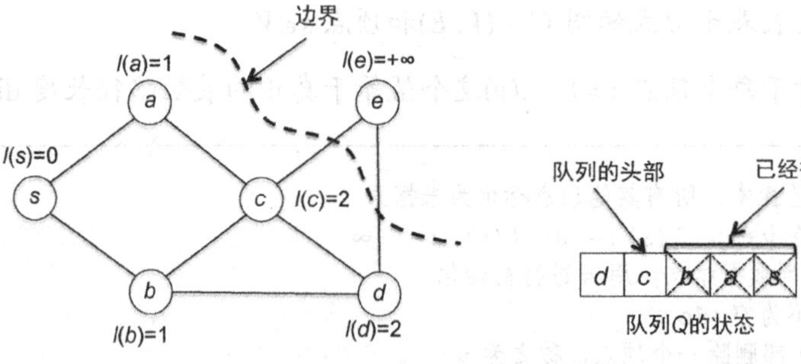

图 2.10 $l(d)$被设置为 2

第 4 次迭代通过顶点 c 发现最后一个顶点 e，并把 $l(e)$设置为 $l(c)+1$，其值为 3。此时，对于每个顶点 v，$l(v)$等于真正的最短路径长度 dist(s,v)，也等于包含 v 的层的数量（见图 2.8）。这些属性具有普适性，并不是这个例子所特有的。

定理 2.2（BFS 功能强化版的属性） 对于用邻接列表表示的每个无向图或有向图 $G=(V, E)$以及每个起始顶点 $s\in V$：

（a）作为 BFS 功能强化版的结论，对于每个顶点 $v\in V$，$l(v)$的值等于 G 中从 s 到 v 的最短路径的长度 $dist(s,v)$（如果不存在这样的路径，那么为$+\infty$）；

（b）BFS 功能强化版的运行时间是 $O(m+n)$，其中 $m=|E|$，$n=|V|$。

BFS 功能强化版的算法的渐进性运行时间与 BFS 相同，定理 2.2 的第（b）部分结论正是来自后者的运行时间保证（定理 2.1 的第（b）部分）。定理 2.2 的（a）部分的结论来自两个事实。首先，具有 $dist(s,v)=i$ 的顶点 v 准确地位于图的第 i 层，这也是层的定义方式。其次，对于每个第 i 层的顶点 w，BFS 功能强化版最终把 $l(w)$设置为 i（因为 w 是通过第 $i-1$ 层的一个 $l(v)=i-1$ 的顶点 v 发现的）。对于没有出现在任何层中的顶点，也就是无法从 s 到达的顶点，$dist(s,v)$和 $l(v)$均是$+\infty$。①

2.2.6 小测验 2.1 的答案

正确答案：(d)。具有 $n\geqslant 2$ 个顶点的无向图至少有两层，最多有 n 层。当 $n\geqslant 2$ 时，层数不可能少于 2，因为 s 是唯一位于第 0 层的顶点。完全图只有两层（见图 2.7(a)）。层数也不可能超过 n，因为各个层是互不包含的，每层至少包含 1 个顶点。路径图具有 n 层（见图 2.11(b)）。

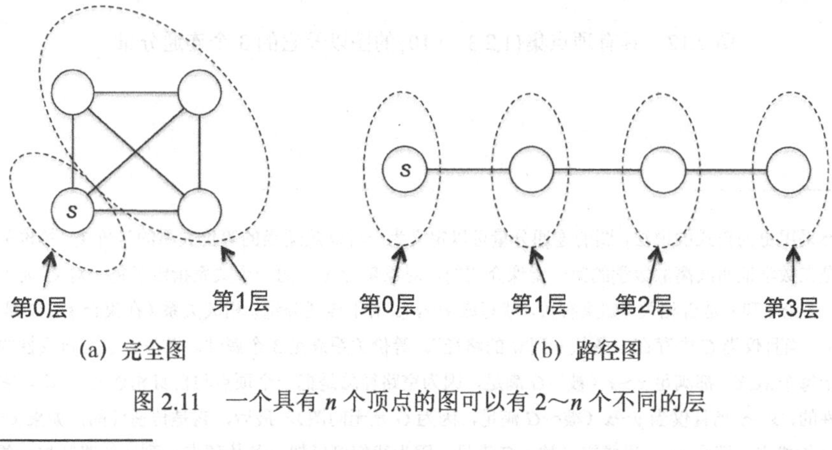

图 2.11 一个具有 n 个顶点的图可以有 2～n 个不同的层

① 如果需要进行更严谨的证明，可以自行演绎 BFS 功能强化版算法所执行的 while 循环的迭代次数。另外，定理 2.2（a）是 Dijkstra 的最短路径算法正确性的一种特殊情况，就像 9.3 节所证明的那样。

2.3 计算连通分量

在本节中，$G=(V,E)$总是表示无向图。我们把更有难度的有向图连通性问题推迟到 2.6 节再进行讨论。

2.3.1 连通分量

无向图 $G=(V,E)$可以很自然地分为“片段”，称为连通分量（见图 2.12）。按照更正式的说法，连通分量是顶点 $S\subseteq V$ 的一个最大子集，满足 S 中的任何顶点都存在通向 S 中其他任何顶点的路径。[①]例如，图 2.12 的连通分量是{1,3,5,7,9}、{2,4}和{6,8,10}。

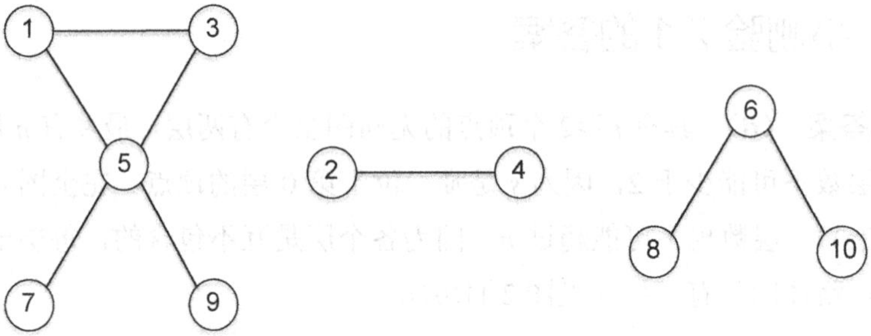

图 2.12 具有顶点集{1,2,3,⋯,10}的图以及它的 3 个连通分量

① 仍然采用更为正式的说法，图的连通分量可以定义为一种满足适当的等价关系的等价类。等价关系通常是在数学证明或离散数学的第一堂课介绍的。对象集合 X 上的一个关系指定了每一对 $x, y\in X$ 的对象，无论 x 和 y 是否相关（如果有关，就写成 $x\sim y$）。对于连通分量，相关关系（在集合 V 上）是“$v\sim_G w$，当且仅当 G 中存在一条从 v 到 w 的路径”。等价关系满足 3 个属性。首先，它是自反性的，即对于每个 $x\in X$，都满足 $x\sim x$（被$\sim_G$ 满足，因为空路径总是把一个顶点与自身相连）。其次，它是对称性的，$x\sim y$ 当且仅当 $y\sim x$（被$\sim_G$ 满足，因为 G 是无向图）。最后，它是传递性的，如果 $x\sim y$ 和 $y\sim z$ 均成立，那么 $x\sim z$ 也成立（被$\sim_G$ 满足，因为我们可以把一条从顶点 u 到 v 的路径与一条从顶点 v 到 w 的路径连接到一起，形成一条从 u 到 w 的路径）。等价关系把对象集合划分为等价类，每个对象与它所在类的所有对象都相关且只与它们相关。关系$\sim_G$ 的等价类是 G 的连通分量。

本节的目标是使用宽度优先的搜索，在线性时间内计算图的连通分量。[①]

问题：无向图的连通分量

输入：无向图 $G=(V, E)$。

目标：确认 G 的连通分量。

接下来，我们再次检查读者是否完全理解了连通分量的定义。

小测验 2.2

考虑一个具有 n 个顶点和 m 条边的无向图，它的最小数量和最大数量的连通分量分别是多少？

（a）1 和 $n-1$

（b）1 和 n

（c）1 和 $\max(m,n)$

（d）2 和 $\max(m,n)$

（正确答案和详细解释参见 2.3.6 节。）

2.3.2 连通分量的应用

下面的原因可能会使我们对图的连通分量产生兴趣。

检测网络失败。连通分量的一个显而易见的应用是检查一个网络（例如道路网或通信网）是否断开连接。

数据可视化。连通分量的另一个应用是图的可视化。如果我们要绘制一个图或者获取该图的某种可视化形式，那么很可能需要独立地显示它的不同连通分量。

集群。假设我们有一个关心的对象集合，其中每一对对象都标注着“相似”或“不相似”。例如，这些对象可以是文档（如被抓取的网页或新闻故事），类似的对象对应于近似重复的文档（也许区别仅在于一个时间戳或者一个标题）。或

① 其他图搜索算法，包括深度优先的搜索，也可以按照安全相同的方式计算连通分量。

者这些对象可能是基因组，如果通过一些微小的修改就能够让一个基因转换为另一个基因，它们就被认为是相似的。

现在，根据一个无向图 $G=(V, E)$，它的顶点对应于对象，边对应于成对的相似对象。从理论上说，这个图的每一个连通分量表示一组具有某些共性的对象。例如，如果对象是被抓取的新闻故事，那么我们可能会期望一个连通分量的顶点是同一个故事在不同网站上的不同变形；如果对象是基因组，那么连通分量可能对应于属于相同物种的不同个体。

2.3.3 UCC（无向图连通分量）算法

计算无向图的连通分量可以很方便地简化为宽度优先的搜索（或其他图搜索算法，例如深度优先的搜索）。它的思路是使用一个外层循环对顶点进行一次遍历，当算法遇到一个此前没有遇到过的顶点时，就以子程序的形式调用 BFS。这个外层循环保证算法至少会观察每个顶点 1 次。在外层循环之前，所有的顶点被初始化为未探索。这种初始化并不是发生在某个 BFS 调用内部。这个算法还为每个顶点 v 维护一个字段 $cc(v)$，用于记录是哪个连通分量包含了这个顶点。通过识别 V 的每个顶点在顶点数组中的位置，我们可以假设 $V=\{1,2,3,\cdots,n\}$。

UCC

输入： 邻接列表表示形式的无向图 $G=(V, E)$，$V=\{1,2,3,\cdots,n\}$。

完成状态： 对于每对 $u,v\in V$，当且仅当 u 和 v 位于同一个连通分量时，$cc(u)=cc(v)$。

```
把所有顶点标记为未探索
numCC := 0
for i := 1 to n do  // 观察所有的顶点
    if i 为未探索 then   // 避免冗余
        numCC := numCC + 1   // 新的连通分量
        // 从 i 开始调用 BFS（第 2 ～ 8 行）
        Q := 一个队列数据结构，用 i 初始化
        while Q 非空 do
            从 Q 的头部删除顶点，称之为 v
            cc(v)  := numCC
```

```
        for each (v,w) in v的邻接列表中 do
            if w为未探索 then
                把w标记为已探索
                把w添加到Q的尾部
```

2.3.4 UCC 算法的一个例子

让我们追踪 UCC 算法在图 2.12 所示的图上的执行结果。这个算法把所有的顶点标注为未探索，并从顶点 1 开始启动外层 for 循环。这个顶点在之前并没有遇到过，因此算法从它开始调用 BFS。因为 BFS 能找到以它为起始顶点的所有可到达顶点（定理 2.1(a)），所以它发现的顶点包括{1,3,5,7,9}，并把它们的 *cc* 值设置为 1。图 2.13 所示的是一种可能的探索顺序。

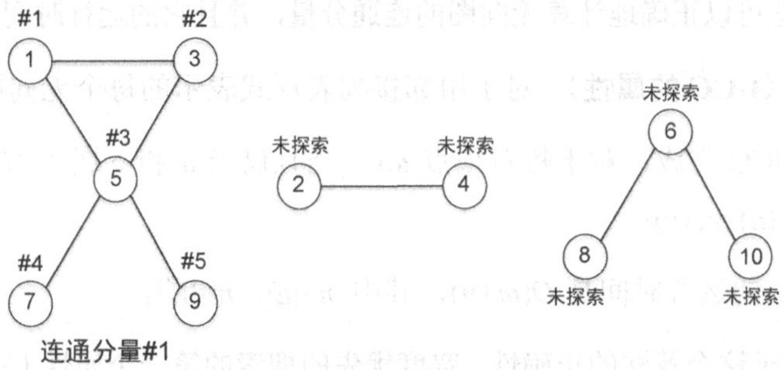

图 2.13 UCC 算法的探索顺序

当这个 BFS 调用完成时，算法的外层 for 循环继续执行并考虑顶点 2。由于这个顶点在第 1 个 BFS 调用之前并没有被发现，因此算法以顶点 2 为起始顶点再次调用 BFS。发现顶点 2 和 4（并把它们的 *cc* 值设置为 2）之后，这个 BFS 调用就完成，并且 UCC 算法继续执行它的外层 for 循环。算法在此前探索过顶点 3 吗？是的，在第 1 个 BFS 调用中探索过。那么顶点 4 呢？同样探索过，这次是在第 2 个 BFS 调用中探索的。那么顶点 5 呢？仍然见到过，是在第 1 个 BFS 调用中探索的。但顶点 6 呢？之前的两个 BFS 调用没有发现这个顶点，因此算法以顶点 6 为起始顶点再次调用 BFS。BFS 的第 3 次调用发现了顶点{6,8,10}，并把它们的 *cc* 值设置为 3，如图 2.14 所示。

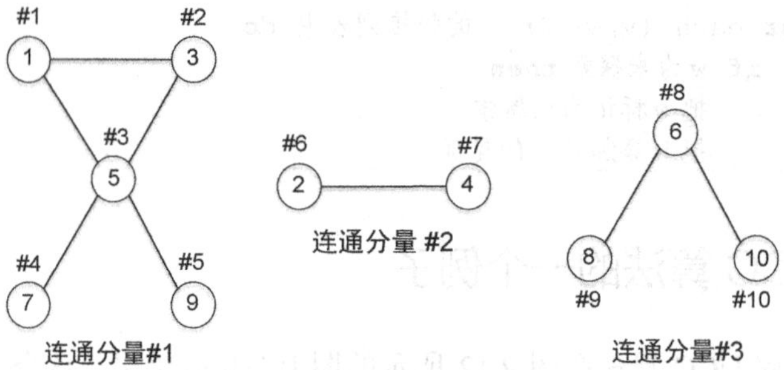

图 2.14 UCC 算法的探索过程

最后，这个算法证实剩余的顶点（7、8、9 和 10）均已被探索，因此算法终止。

2.3.5 UCC 算法的正确性和运行时间

UCC 算法可以正确地计算无向图的连通分量，并且它的运行时间是线性时间。

定理 2.3（UCC 的属性） 对于用邻接列表形式表示的每个无向图 $G=(V, E)$：

（a）当 UCC 完成，对于每对顶点 u,v，当且仅当 u 和 v 属于 G 的同一个连通分量时，$cc(u)=cc(v)$；

（b）UCC 的运行时间是 $O(m+n)$，其中 $m=|E|$，$n=|V|$。

证明：关于这个算法的正确性，宽度优先的搜索的第一个属性（定理 2.1（a））说明了以顶点 i 为起始顶点的每个 BFS 调用将发现 i 的连通分量中的顶点，而不会发现不属于该连通分量的顶点。UCC 算法为这些顶点提供了一个相同的 cc 值。由于不存在任何顶点会被探索两次，因此每次 BFS 调用会识别一个新的连通分量，并且每个连通分量具有不同的 cc 值。由于外层 for 循环保证每个顶点至少会被访问 1 次，因此这个算法将发现每个连通分量。

这个算法的运行时间下界来自于细化的 BFS 运行时间分析（定理 2.1（c））。以顶点 i 为起始顶点调用 BFS 的运行时间是 $O(m_i+n_i)$，其中 m_i 和 n_i 分别表示 i 的连通分量中边的数量和顶点的数量。因为对于每个连通分量，BFS 只调用了 1 次，所以 G 的每个顶点或每条边正好只参与了 1 个连通分量。因此，所有 BFS 调用的合并运行时间是 $O(\sum_i m_i + \sum_i n_i) = O(m+n)$。算法所执行的初始化以及其他辅助操作只需要 $O(n)$时间，因此最终的运行时间是 $O(m+n)$。

2.3.6 小测验 2.2 的答案

正确答案：(b)。只有 1 个连通分量的图就是可以从任何一个顶点到达其他任何一个顶点的图。路径图和完全图（见图 2.7）就是两个这样的例子。另一种极端情况是没有任何边的图，每个顶点位于自己的连通分量中，连通分量的总数为 n。一个图的连通分量不可能超过 n 个，因为每个连通分量是互不包含的，并且每个连通分量至少包含 1 个顶点。

2.4 深度优先的搜索

我们为什么需要另一种图搜索策略呢？不管怎么说，宽度优先的搜索看上去是非常出色的，它可以在线性时间内找到从起始顶点可以到达的所有顶点，并且顺便可以计算最短路径的长度。

另外，还有一种线性时间的图搜索策略，即深度优先的搜索（DFS），它也具有大量的应用（并没有被 BFS 所涵盖）。例如，我们将看到如何使用 DFS 在线性时间内计算有向无环图的顶点拓扑顺序以及有向图的连通分量（具有适当的定义）。

2.4.1 DFS 的一个例子

如果说宽度优先的搜索采取的是一种小心谨慎且充满试探意味的探索策略，那么深度优先的搜索则采取了一种更为激进的探索策略，它总是从最近发现的顶点开始向前探索，只有在前方走投无路的情况下才会回溯（有点像探索迷宫）。在描述 DFS 的完整伪码之前，我们先观察它在 2.2 节的同一个例子中是怎样工作的（见图 2.15）。

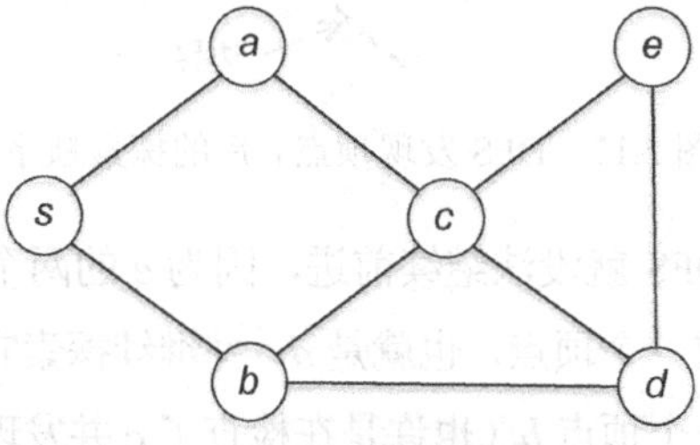

图 2.15 深度优先的搜索的演示例子

与 BFS 相似，DFS 在第 1 次发现一个顶点时把它标注为已探索。由于它是从起始顶点 s 开始探索的，因此对于图 2.15 所示的图，DFS 的第 1 次迭代检查边(s,a)和(s,b)，谁先谁后取决于它们在 s 的邻接列表中的先后顺序。假设(s,a)首先出现，DFS 检查顶点 a 并把它标注为已探索。DFS 的第 2 次迭代就是它与 BFS 的区别所在，它接下来并不是考虑另一个第 1 层的邻居 b，而是立即继续探索 a 的邻居。它最终会回来探索(s,b)。从 a 开始，DFS 首先检查的也许是 s（此时 s 已经被标注为已探索，因此被跳过），然后它发现顶点 c，这是下一站所探索的顶点，如图 2.16 所示。

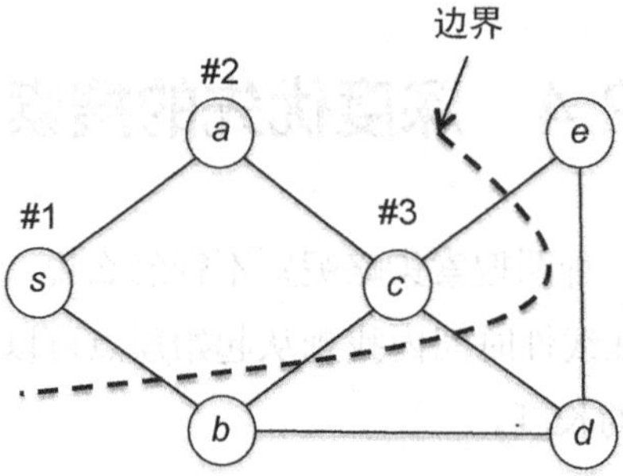

图 2.16 DFS 下一站所探索的顶点

DFS 按照某种顺序检查最近发现的顶点 c 的邻居。为了更加有趣，我们假设 DFS 接着发现 d，然后是 e，如图 2.17 所示。

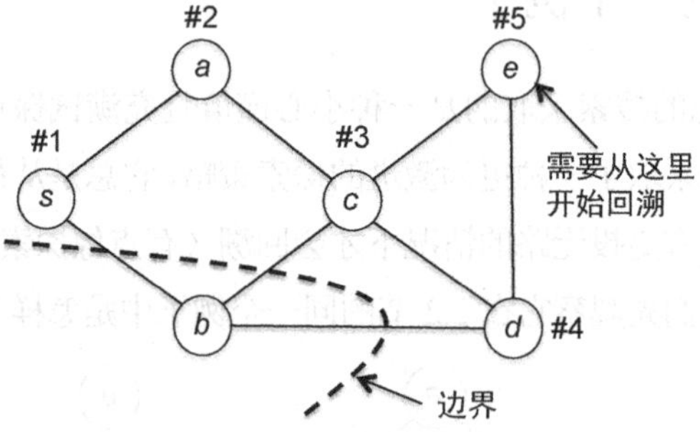

图 2.17 DFS 发现顶点 c 后的探索顺序

在发现了 e 之后，DFS 就没法继续前进，因为 e 的两个邻居已经被标注为已探索。DFS 被强制回撤到前一个顶点，也就是 d，并继续探索它的剩余邻居。从 d 这个位置，DFS 将发现最后一个顶点 b（也许是在检查了 c 并发现它已经被标注为已探索之后）。在探索到 b 之后，探索过程就有了重大进展。DFS 发现 b 的所有邻居都已探索，因此必须回溯到前一个访问过的顶点，也就是 d。类似地，由于 d 的所有剩余邻居已经被标注为已探索，因此 DFS 必须继续回溯到 c。然后，DFS 进一步回溯到 a（在检查了 c 的所有剩余邻居顶点并发现它们都已经被标注为已探索之后）。接着，它回溯到 s。它检查 s 的剩余邻居（b）并在发现它已经被标注为已探索之后就最终停止。

2.4.2 DFS 的伪码

迭代式实现

思考和实现 DFS 的一种方法是从 BFS 的代码入手并进行两处修改：

（a）把队列数据结构（先进先出）替换为堆栈①数据结构（后进先出）；

（b）推迟检查某个顶点是否已经被标注为已探索，直到把它从数据结构中删除时再进行检查。②

DFS（迭代式版本）

输入：邻接列表表示形式的图 $G=(V, E)$和顶点 $s \in V$。

完成状态：当且仅当一个顶点被标注为“已探索”时，它是可以从 s 到达的。

```
把所有顶点标注为未探索
S := 一个堆栈数据结构，用 s 初始化
while  S 非空 do
  从 S 的头部删除（“弹出”）顶点 v
  if  v 为未探索 then
     把 v 标注为已探索
     for v 的邻接列表中的每条边(v,w)  do
         把 w 添加（“压入”）到 S 的头部
```

和往常一样，在 for 循环中处理的边是与 v 相关联的（如果 G 是无向图）或者是从 v 出发的（如果 G 是有向图）。

---

① 堆栈是一种“后进先出”的结构数据，就像餐馆里从上到下堆在一起的盘子一样。它通常是第一门编程课所学习的一种数据结构（包括队列，参见 2.2.2 节的脚注），堆栈维护一个对象列表，我们可以在常数时间内从这个列表的起始位置添加一个对象（“压入”），或者从列表的起始位置删除一个对象（“弹出”）。

② 如果我们仅进行第一处修改，这个算法的行为仍然一样吗？

例如，在图2.15中，DFS的while循环的第1次迭代弹出顶点s并把它的两个邻居顶点按照某种顺序（例如先b后a）压入到堆栈中。由于a是后来被压入的，因此它在while循环的第2次迭代中首先被弹出。这就导致s和c被压入到堆栈中（假设c先被压入）。在下一次迭代中，顶点s被弹出。由于它已经被标注为已探索，因此算法会跳过它。然后c被弹出，接着它的所有的邻居（a、b、d和e）被压入到堆栈中，和最早被压入的b放在一起。如果d是最后被压入的，并且b是在e之前被压入的，那么，当d在下一次迭代中被弹出时，就恢复了2.4.1节介绍的探索顺序（可以进行验证）。

递归式实现

深度优先的搜索还有一种优雅的递归式实现。[①]

DFS（递归版本）

输入：邻接列表表示形式的图 $G=(V,E)$和顶点 $s\in V$。

完成状态：一个顶点当且仅当它被标记为“已探索”时才是可以从s到达的。

```
// 在外层调用之前，所有的顶点都是未探索的
把 s 标记为已探索
for 每条边(s,v)在 s 的邻接列表中 do
    if v 为未探索 then
        DFS (G,v)
```

在这个实现中，所有的DFS递归调用都访问同一组全局变量，这些变量记录哪些顶点已经被标记为已探索（一开始所有的顶点都是未探索的）。DFS的激进本质或许在这个实现中更为明显，这个算法立即对它所找到的第1个未探索邻居顶点进行递归，然后考虑剩余的邻居顶点。[②]其效果就是DFS的迭代式实现中的显式堆栈数据结构被递归实现中递归调用的程序堆栈所模拟。[③]

---

① 本书假设读者已经熟悉递归。递归过程就是将它自身作为子程序进行调用的过程。

② 如其所述，这两个版本的DFS在顶点的邻接列表中按相反的顺序对边进行探索。（能明白为什么吗？）如果其中一个版本进行了修改，对顶点的邻接列表进行反向迭代，那么迭代式实现和递归式实现就按照相同的顺序对顶点进行探索。

③ 专家级提示：如果计算机在一个大型图上执行递归版本的DFS时导致内存耗竭，那么可以切换为迭代版本或者在计算机环境中扩大程序堆栈。

2.4.3 正确性和运行时间

深度优先的搜索与宽度优先的搜索具有同样的正确性，并且速度也是同样快速，其原因也是一样的（与定理 2.1 对比）。

定理 2.4（DFS 的属性） 对于每个用邻接列表表示的无向图或有向图 $G=(V,E)$ 以及每个起始顶点 $s\in V$：

（a）若 DFS 完成，当且仅当 G 中存在一条从 s 到 v 的路径时，顶点 $v\in V$ 才被标记为已探索；

（b）DFS 的运行时间是$(m+n)$，其中 $m=|E|$，$n=|V|$。

结论（a）成立的原因是深度优先的探索是通用的图搜索算法 GenericSearch（参见命题 2.1）的一种特殊情况。[①]

结论（b）成立的原因是 DFS 对于每条边最多检查两次（每个端点最多 1 次），并且堆栈支持 $O(1)$时间的压入和弹出，对每条边的检查可以实现常数时间的操作（总共 $O(m)$）。初始化需要 $O(n)$时间。[②]

2.5 拓扑排序

深度优先的搜索很好地契合了计算有向无环图的拓扑顺序。那么，拓扑顺序是什么意思？它有什么用途呢？

2.5.1 拓扑顺序

想象一下，我们有一连串需要完成的任务，并且这些任务之间存在优先级约

① 从形式上来说，DFS 相当于 GenericSearch 的一种特定版本。在这个版本中，在 GenericSearch 的主循环的每次迭代时，对于最近发现的 v，这个算法选择可处理的边(v, w)。如果存在多条可处理的边，那么根据它们在 v 的邻接列表中的顺序（递归版本）或者相反顺序（迭代版本）进行选择。

② 定理 2.1（c）部分优化后的边界对于 DFS 也是成立的（原因相同），这意味着 DFS 可以在线性时间的 UCC 算法中代替 BFS，用于 2.3 节的连通分量计算。

束，意思是有些任务必须在另一些任务完成之后才能开始。例如，考虑一所大学的学位课程，有些课程是其他一些课程的先决条件。拓扑顺序的一个应用就是排列任务的先后顺序，以满足它们之间的优先级约束。

拓扑顺序

假设 $G=(V,E)$是个有向图。G 的拓扑顺序就是为每个顶点 $v\in V$ 的 $f(v)$分配一个不同的数字，使得：

对于每条有向边$(v,w)\in E$，均满足 $f(v)<f(w)$。

函数 f 有效地对顶点进行了排序，从具有最小 f 值的顶点到具有最大 f 值的顶点。这个条件断言 G 的所有（有向）边应该按照这个顺序的方向向前访问，每条边的尾顶点的 f 值小于它的头顶点的 f 值。

小测验 2.3

下面的图具有多少种不同的拓扑顺序？（只使用标签{1, 2, 3, 4}）

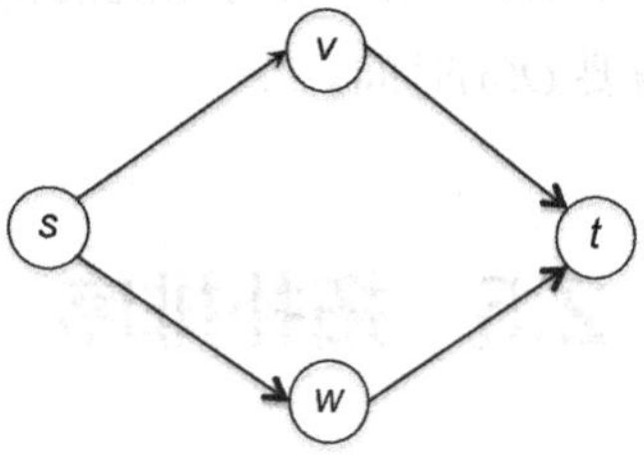

（a）0

（b）1

（c）2

（d）3

（正确答案和详细解释参见 2.5.7 节。）

我们可以根据顶点的 f 值顺序来描绘顶点，显示它们的拓扑顺序。在一个拓扑顺序中，图的所有边都是按照从左到右的顺序描绘的。图 2.18 描绘了小测验 2.3 的解决方案所确认的拓扑顺序。

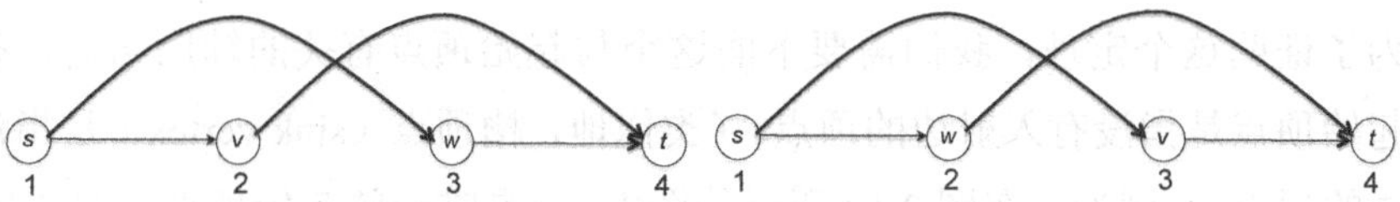

(a) 一种拓扑顺序　　　　(b) 另一种拓扑顺序

图 2.18　拓扑顺序有效地在一条直线上描绘了图的顶点，所有的边都是按照从左到右的方向描绘的

当一个图的顶点表示任务，并且有向边表示优先级约束时，拓扑顺序就准确地对应于任务的不同序列化方式，同时遵循优先级约束。

2.5.2 什么时候存在拓扑顺序

是不是每个图都存在拓扑顺序呢？不是。我们可以考虑一个只由一个有向环组成的图（见图 2.19(a)）。无论我们选择什么样的顶点顺序，沿着这个环的边向前访问总是可以到达起始顶点。在存在拓扑顺序时，必须沿着某条边反向访问才能做到这一点（见图 2.19(b)）。

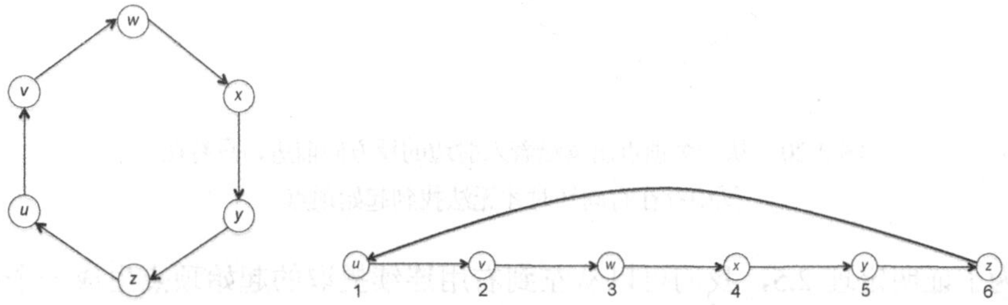

(a) 一个有向环　　　　(b) 一种非拓扑顺序

图 2.19　只有不存在有向环的图才具有拓扑顺序

作为一个普遍的结论，我们无法确定包含有向环的图的拓扑顺序。这相当于不可能把一组存在环状依赖性的任务进行序列化。

令人愉快的是，有向环是拓扑顺序唯一的障碍。没有任何有向环的有向图称为有向无环图，或简称 DAG。例如，图 2.18 中的图是有向无环图，图 2.19 中的图则不是有向无环图。

定理 2.5（每个 DAG 都具有拓扑顺序）　每个有向无环图至少具有 1 个拓扑顺序。

为了证明这个定理，我们需要下面这个与起始顶点有关的辅助结论。有向图的起始顶点是指没有入射边的顶点。（类似地，槽顶点（sink vertex）是指没有外向边的顶点。）例如，在图 2.18 所示的图中，*s* 是唯一的起始顶点。图 2.19 中的有向图不存在任何起始顶点。

辅助结论 2.1（每个 DAG 都具有起始顶点） 每个有向无环图至少具有 1 个起始顶点。

辅助结论 2.1 是正确的，因为如果我们沿着入射边的反方向从有向无环图的任意一个顶点出发一路前进，最终都可以到达一个起始顶点（否则，这个过程会形成一个环，而这是不可能的）。另参见图 2.20。①

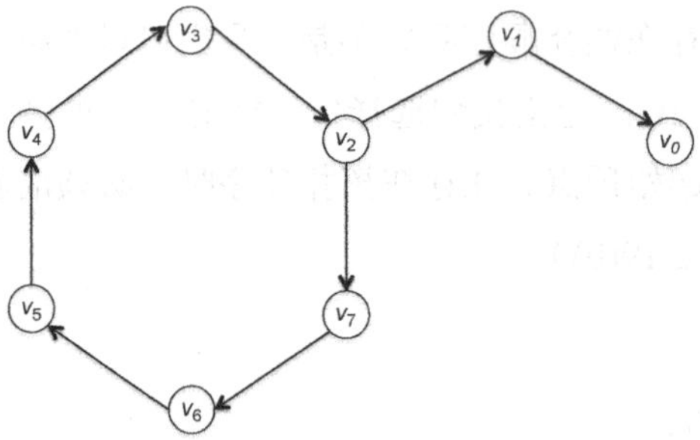

图 2.20 从一个顶点出发沿着入射边的反方向前进，只有在图中存在有向环时才无法找到起始顶点

为了证明定理 2.5，我们可以从左到右用连续提取的起始顶点生成一个拓扑顺序。②

定理 2.5 的证明：设 *G* 是一个包含 *n* 个顶点的有向无环图。我们的计划是按

---

① 按照更正式的说法，从一个有向无环图 *G* 中挑选一个顶点 v_0，如果它是起始顶点，就满足要求。如果它不是起始顶点，那么它至少有一条入射边（v_1, v_0）。如果 v_1 是起始顶点，就满足要求。否则，至少存在一条(v_2, v_1)形式的入射边，然后可以再次迭代。在最多迭代了 *n* 次之后（其中 *n* 是顶点的数量），我们要么找到一个起始顶点，要么生成一个 *n* 条边的序列$(v_n, v_{n-1}),(v_{n-1}, v_{n-2}),\cdots,(v_1, v_0)$。由于一共只有 *n* 个顶点，因此序列 $v_n, v_{n-1}, \cdots, v_0$ 中至少有 1 个重复顶点。但是，如果存在 $j>i$ 且 $v_j=v_i$，那么边$(v_j, v_{j-1}),\cdots,(v_{i+1}, v_i)$就形成了一个有向环，这就与 *G* 是有向无环图的前提矛盾。（在图 2.20 中，$i=2$，$j=8$。）

② 采用另外的方法，在辅助结论 2.1 的证明中沿着外射边而不是入射边显示了每个 DAG 至少具有 1 个槽顶点，我们可以从右向左用连续提取的槽顶点生成一个拓扑顺序。

照升序从 1 到 n 为每个顶点分配一个 f 值。哪个顶点拥有作为其 f 值的权利呢？它最好是个起始顶点，因为如果是一个具有入射边的顶点被分配了这个权限，那么这条入射边在这个拓扑顺序中就是反方向的。因此，假设 v_1 是 G 的一个起始顶点（辅助结论 2.1 证明了有向无环图必定存在起始顶点），并分配 $f(v_1)=1$。如果 G 中有多个起始顶点，就任意挑选一个。

接着，在 G 中删除 v_1 以及它的所有边，得到图 G'。由于 G 是个有向无环图，因此 G'同样如此，这是因为删除一些东西并不会创建新环。因此，我们可以使用标签$\{2,3,4,\cdots,n\}$递归地计算 G'的一个拓扑顺序，并且 G'中的每条边都是按照这个拓扑顺序向前访问。（由于每个递归调用是在一个更小的图上进行的，因此递归过程最终会停止。）G 中不属于 G'的边就只有 v_1 的（外射）边。由于 $f(v_1)=1$，因此它们也是按照这个拓扑顺序向前访问的。①

2.5.3 计算拓扑顺序

定理 2.5 表示当且仅当一个有向图是有向无环图时，求它的拓扑顺序才是有意义的。

问题：拓扑排序

输入： 有向无环图 $G=(V,E)$。

输出： G 的顶点的一个拓扑顺序。

辅助结论 2.1 和定理 2.5 的证明很自然地产生了一种算法。对于一个用邻接列表表示的包含 n 个顶点的有向无环图，前者的证明产生了一种寻找一个起始顶点的 $O(n)$时间级的子程序。后者的证明计算这个子程序的 n 次调用所形成的一个拓扑顺序，它是在每次迭代时去掉一个新的起始顶点。②这个算法的运行时间是 $O(n^2)$，对于稠密图（具有 $m=\Theta(n^2)$条边）而言是线性时间，但对于稀疏图（n^2 远远大于 m）而言却非如此。接下来我们将讨论一个更为巧妙的解决方案，通过

① 如果更倾向于形式证明，那么可以自行对顶点的数量进行归纳证明。

② 对于图 2.12 中的图，这个算法可以计算两个拓扑顺序的任何一个，取决于在 s 被删除之后，v 和 w 哪一个在第二次迭代时被选为起始顶点。

深度优先的搜索，产生一种线性时间（$O(m+n)$）的算法。[①]

2.5.4 通过 DFS 的拓扑排序

这种计算拓扑顺序的巧妙方法是通过两种微妙的手段对深度优先的搜索进行强化。简单起见，我们把 2.4 节的 DFS 递归实现作为起点。第一处强化是在一个外层循环中对顶点进行一遍访问，每当发现一个以前未探索的顶点时就以子程序的形式调用 DFS。这就可以保证每个顶点最终会被发现并分配一个标签。全局变量 curLabel 记录当前处于拓扑顺序中的什么位置。我们的算法计算的是一个相反的顺序（从右到左），因此 curLabel 需要从顶点的数量倒计到 1。

TopoSort

输入：邻接列表表示形式的有向无环图 $G=(V,E)$。

完成状态：顶点的 f 值构成了 G 的一个拓扑顺序。

```
把所有顶点标记为未探索
curLabel :=|V|          // 记录顺序
for 每个 v∈V do
    if v 为未探索 then // 在一个之前的 DFS 中
       DFS-Topo (G,v)
```

其次，我们必须在 DFS 中添加一行代码，为顶点分配一个 f 值。这个操作的正确时机就是在从 v 所启动的 DFS 刚刚完成的时候。

DFS-Topo

输入：用邻接列表表示的有向无环图 $G=(V,E)$和顶点 $s\in V$。

完成状态：每个可以从 s 到达的顶点被标记为“已探索”并分配一个 f 值。

```
把 s 标记为已探索
```

① 只要稍加思索，辅助结论 2.1 和定理 2.5 的证明所隐含的算法也可以在线性时间内实现，明白该怎么做到这一点吗？

```
for 每条边(s,v)在 s 的外向邻接列表 do
    if v为未探索 then
       DFS-Topo (G,v)
f(s) := curLabel              // s的位置符合顺序
curLabel := curLabel - 1      //从右向左进行操作
```

2.5.5 拓扑排序的一个例子

假设输入图是小测验 2.3 中的图。TopoSort 算法把全局变量 curLabel 初始化为顶点的数量，也就是 4。TopoSort 的外层循环按照一种任意的顺序对顶点进行迭代，我们假设按照 *v*、*t*、*s*、*w* 的顺序。在第 1 次迭代中，由于 *v* 并没有被标记为已探索，因此算法以顶点 *v* 为起点调用 DFS-Topo 子程序。从 *v* 出发的唯一外射边是(*v*,*t*)，下一步就是以顶点 *t* 为起点递归地调用 DFS-Topo。这个调用立即返回（因为 *t* 不存在任何外射边），此时 *f*(*t*)被设置为 4，并且 curLabel 从 4 减少为 3。接着，以 *v* 为起点的 DFS-Topo 调用完成（因为 *v* 没有其他外射边），此时 *f*(*v*)被设置为 3，curLabel 从 3 减小为 2。在这个时候，TopoSort 算法继续在外层循环中对顶点进行线性扫描。下一个顶点是 *t*，由于 *t* 已经在第 1 个 DFS-Topo 调用中被标记为已探索，因此 TopoSort 算法将跳过它。由于再下一个顶点（*s*）还没有被探索，因此算法以 *s* 为起点调用 DFS-Topo。从 *s* 开始，DFS-Topo 跳过 *v*（它已经被标记为已探索），并以新发现的顶点 *w* 为起点递归地调用 DFS-Topo。以 *w* 为起点的调用立即完成（它的唯一外射边是到已经探索过的顶点 *t*），此时 *f*(*w*)被设置为 2，并且 curLabel 从 2 减小为 1。最后，以顶点 *s* 为起点的 DFS-Topo 调用完成，*f*(*s*)被设置为 1。最终产生的拓扑顺序与图 2.19(b)相同。

小测验 2.4

当 TopoSort 算法运行于一个包含有向环的图时会发生什么情况？

（a）算法可能会无限循环，也可能不会。

（b）算法总是会无限循环。

（c）算法总是会终止，可能会成功地计算出一个拓扑顺序，也可能无法计算。

（d）算法总是会终止，不可能计算出一个拓扑顺序。

（正确答案和详细解释参见 2.5.7 节。）

2.5.6 正确性和运行时间

TopoSort 算法能够正确地计算有向无环图的一个拓扑顺序，并且能在线性时间内实现。

定理 2.6（TopoSort 的属性） 对于每个采用邻接列表表示形式的有向无环图 $G=(V,E)$：

（a）当 TopoSort 结束时，每个顶点 v 都分配了一个 f 值，这些 f 值构成了 G 的一个拓扑顺序；

（b）TopoSort 的运行时间是 $O(m+n)$，其中 $m=|E|$，$n=|V|$。

证明：一般情况下，TopoSort 算法以线性时间运行。它对每条边只探索 1 次（从边的尾顶点开始），因此对每个顶点或每条边只执行常数级的操作。这意味着它的整体运行时间是 $O(m+n)$。

关于正确性，首先注意 DFS-Topo 对于每个顶点 $v\in V$ 正好只调用 1 次，就是在第 1 次遇到 v 的时候，并在调用完成时为 v 分配一个标签。因此，每个顶点都会分配一个标签，通过在每次分配标签时把 curLabel 变量的值减去 1，这个算法保证了每个顶点 v 都有一个来自集合 $\{1,2,\cdots,|V|\}$ 的不同标签 $f(v)$。为了理解为什么这些标签组成了一个拓扑顺序，可以考虑一条任意的边 (v,w)。我们必须论证 $f(v)<f(w)$。这里存在两种情况，取决于算法首先发现的是 v 还是 w。[①]

如果 v 在 w 之前被发现，那么在 w 被标记为已探索之前，会先以顶点 v 为起始顶点调用 DFS-Topo。由于 w 可以经 v 到达（通过边 (v,w)），因此这个 DFS-Topo 调用最终会发现 w，并在 w 处递归地调用 DFS-Topo。由于递归调用的后入先出性质，因此从 w 开始的 DFS-Topo 调用是在从 v 开始的 DFS-Topo 调用之前完成的。由于标签是按照降序分配的，因此 w 所分配的 f 值大于 v，这正是算法所要求的。

① 这两种情况都是有可能的，如 2.5.5 节所述。

其次，假设 TopoSort 在 v 之前先发现 w。由于 G 是有向无环图，因此不存在从 w 返回到 v 的路径。否则，这条路径加上有向边(v,w)就构成了一个有向环（见图 2.21）。因此，以 w 为起始顶点调用 DFS-Topo 无法发现 v，当它完成时 v 仍然是未探索的。

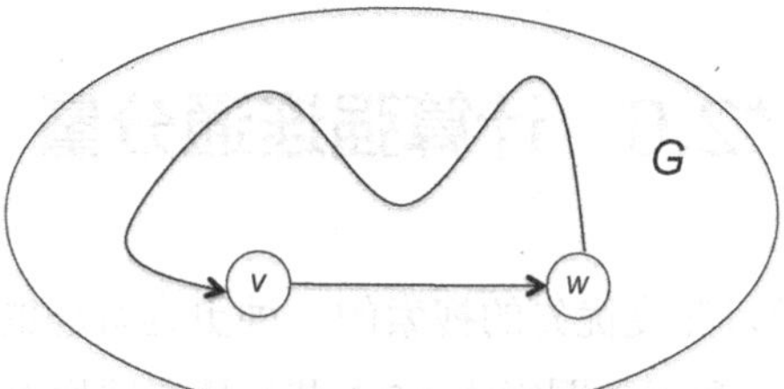

图 2.21 一个有向无环图无法同时包含一条边(v, w)和一条从 w 返回到 v 的路径

在 w 开始的 DFS-Topo 调用同样是在从 v 开始的调用之前完成的，因此 $f(v)<f(w)$。

2.5.7 小测验 2.3 和小测验 2.4 的答案

小测验 2.3 的答案

正确答案：(c)。图 2.22 显示了这个图的两种不同的拓扑顺序。我们应该能够发现它们实际上是相同的。

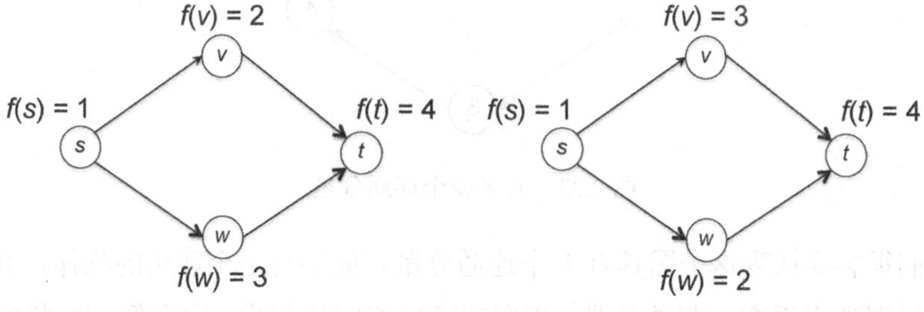

(a) 一种拓扑顺序　　(b) 另一种拓扑顺序

图 2.22 小测验 2.3 的图的两种拓扑顺序

小测验 2.4 的答案

正确答案：(d)。这个算法总是会终止：外层循环只有$|V|$次迭代，每次迭代

要么不执行任何操作，要么调用深度优先的搜索（加上少量的辅助操作）。深度优先的搜索总是会终止，无论输入图是否是有向无环图（定理 2.4），因此 TopoSort 也是如此。它是不是有可能在终止时产生一个拓扑顺序呢？不可能，它不可能按照拓扑顺序对任何包含有向环的图的顶点进行排序（回顾 2.5.2 节）。

*2.6 计算强连通分量

接下来，我们将学习深度优先的搜索的一种更为有趣的应用：计算有向图的强连通分量。[①]这个算法和无向图版本（2.3 节）具有同样令人惊叹的高速度，虽然比较复杂。与拓扑排序相比，计算强连通分量是一个更具挑战性的问题，仅用一遍深度优先的搜索是不够的。

因此，让我们使用两遍深度优先的搜索！[②]

2.6.1 强连通分量的定义

什么是有向图的“强连通分量”？图 2.23 中具有多少个连通分量？

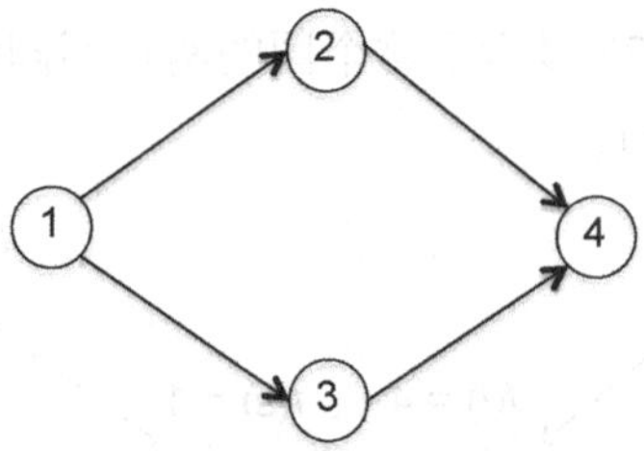

图 2.23 有多少个连通分量

我们很容易认为这个图具有 1 个连通分量。如果它是个现实的物体，其中的边对应于把顶点系在一起的丝带，我们就可以把它拎起来，它会像一个整体一样

① 带星号的章节难度较大，在第一次阅读时可以跳过。

② 实际上，我们可以使用一种技巧性较强的方法，只用一遍深度优先的搜索就可以计算有向图的强连通分量。参见“Depth-First Search and Linear Graph Algorithms”（《深度优先的搜索和线性的图算法》），作者 Robert E. Tarjan（*SIAM Journal on Computing*，1973）。

被拎起来。但是，我们可以回想一下无向图的连通分量是怎么定义的（2.3 节），它表示一个最大区域，我们可以在这个区域中从任意一个顶点到达其他任意一个顶点。在图 2.23 中，没有办法"向左移动"，因此它并不符合可以从任意一个顶点到达其他任意一个顶点的要求。

有向图的强连通分量（SCC）是指可能出现的最大顶点子集 $S\subseteq V$，要求 S 中的任意顶点都存在通向 S 中其他任意顶点的有向路径。[①]例如，图 2.24 中的强连通分量包括{1,3,5}、{11}、{2,4,7,9}和{6,8,10}。在每个分量中，可以从任意一个顶点到达其他任意一个顶点（可以进行验证）。每个分量都是满足这个属性的最大子集，因为没有办法从一个 SCC"向左移动到"另一个 SCC。

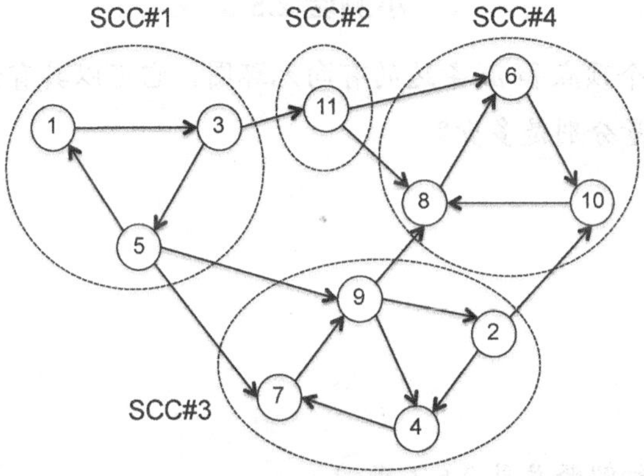

图 2.24 一个具有顶点集{1,2,3,⋯,11}的图以及它的 4 个强连通分量

图 2.24 中 4 个 SCC 之间的关系就像图 2.23 中的 4 个顶点之间的关系。按照更普遍的说法，如果我们将每个 SCC 作为一个整体来看，那么每个有向图都可以看成由它的 SCC 所构建的有向无环图。

命题 2.2（SCC 图元是有向无环图） 设 $G=(V, E)$是个有向图。它的对应图元 $H=(X, F)$被定义为：G 的每个 SCC 都用一个元顶点 $x\in X$ 表示。F 中的元边(x, y)表示 G 中存在一条边是从与 x 对应的 SCC 中的一个顶点到与 y 对应的 SCC 中的

① 与无向图的连通分量一样（第 32 页脚注 1），有向图 G 的强连通分量正好是等价关系$\sim G$ 的一个等价类，其中 $v\sim_G w$ 当且仅当 G 中存在从 v 到 w 和从 w 到 v 的有向路径。$\sim G$ 是等价关系的证明与无向图的情况相同（第 32 页脚注 1）。

一个顶点。这样，H 就是一个有向无环图。

例如，图 2.23 所示的有向无环图是图 2.24 所示的有向图对应的图元。

命题 2.2 的证明：如果图元 H 具有一个包含 $k\geqslant 2$ 个顶点的有向环，G 中对应的不同 SCC 环 $S_1,S_2,\cdots,S_k$ 肯定能够合并为一个单独的 SCC，这是因为我们可以自由地在 S_i 的每个分量之间移动，环形结构允许任何一对 S_i 之间的移动。

命题 2.2 提示了每个有向图可以根据两个粒度层次进行观察。若将其缩小，我们只关注它的 SCC 之间的（无环）关系。若将其放大，每个特定的 SCC 显示了它的精细粒度的结构。

小测验 2.5

考虑一个具有 n 个顶点和 m 条边的有向无环图，它可以具有的最小数量和最大数量的连通分量分别是多少？

（a）1 和 1

（b）1 和 n

（c）1 和 m

（d）n 和 n

（正确答案和详细解释参见 2.6.7 节。）

2.6.2 为什么要使用深度优先的搜索

为了理解为什么图的搜索有助于计算强连通分量，我们先回到图 2.24。假设我们从顶点 6 开始调用了深度优先的搜索（或宽度优先的搜索）。这个算法将找到可以从 6 到达的每个顶点（不会发现更多的顶点），它发现了{6,8,10}，这正好是其中一个强连通分量。比较糟糕的情况是，我们从顶点 1 启动一次图的搜索，此时所有的顶点（不仅仅是{1,3,5}）都会被发现，我们无法根据这个结果来确定连通分量。

结论是图的搜索可以发现强连通分量，只要我们从正确的位置出发。从理论上说，我们首先想要发现一个“槽 SCC”，意思是一个没有外向边的 SCC（如

图 2.24 中的 SCC#4），然后进行反向操作。按照命题 2.2 的图元定义，看上去我们将以相反的拓扑顺序发现各个 SCC，依次逐个剥离每个槽 SCC。我们在 2.5 节中已经看到了可以很方便地使用深度优先的搜索来实现拓扑顺序，这也是我们的算法将使用两遍深度优先的搜索的原因。第 1 遍搜索计算一个奇妙的顶点处理顺序，第 2 遍搜索根据这个顺序逐个发现 SCC。

这种两遍搜索的策略称为 Kosaraju 算法。[①]下面直接给出 Kosaraju 算法描述。

Kosaraju（高层描述）

1. 设 G^{rev} 表示每条边都变换了方向的输入图 G。
2. 从 G^{rev} 的每个顶点调用 DFS，按任意顺序处理，为每个顶点 v 计算一个位置值 $f(v)$。
3. 从 G 的每个顶点调用 DFS，从最高位置到最低位置先后进行处理，计算每个顶点分别属于哪个强连通分量。

对于 Kosaraju 算法的第 2 个和第 3 个步骤，我们应该会觉得它们在一定程度上符合自己的想象。第 2 个步骤所完成的任务与 2.5 节的 TopoSort 算法相似，其目的是在第 3 个步骤中按照与拓扑顺序相反的顺序处理输入图的 SCC。（注意：我们只考虑 DAG 中的 TopoSort，而现在所面对的是通用的有向图。）第 3 个步骤与 2.3 节的无向图的 UCC 算法有点相似。（注意：在无向图中，顶点的处理顺序无关紧要。但是，我们知道有向图的顶点处理顺序是会产生区别的。）但是，第 1 个步骤是怎么回事？为什么第 1 遍搜索要根据反转的输入图进行呢？

2.6.3 为什么要使用反转的图

我们首先探索一种更为自然的思路，就在原输入图 $G=(V, E)$上调用 2.5 节的 TopoSort 算法。记住，这个算法具有一个外层 for 循环，以任意顺序对 G 的顶点进行一遍处理，在遇到一个尚未探索的顶点时启动深度优先的搜索，并在从 v

---

① 这个算法首先出现在 S. Rao Kosaraju 于 1978 年的一篇未发表论文中。Micha Sharir 也发现了这个算法，并发表于论文“A Strong-Connectivity Algorithm and Its Applications in Data Flow Analysis”（《强连通性以及它在数据流分析中的应用》）（*Computers & Mathematics with Applications*，1981）中。这个算法有时又称 Kosaraju-Sharir 算法。

启动的深度优先的搜索完成时为顶点 v 分配一个位置值 $f(v)$。这些位置是按降序分配的，从 $|V|$ 一直递减为 1。

TopoSort 算法最初是为有向无环输入图设计的，但它也可以用于计算任何有向图的顶点位置（小测验 2.4）。我们希望这些顶点位置可以帮助我们为第 2 遍深度优先的搜索快速确认一个良好的起始搜索顶点，理想情况下是 G 的一个槽 SCC 中的一个不存在外向边的顶点。我们有理由对此保持乐观：对于有向无环图 G，顶点位置构成了一个拓扑顺序（定理 2.6），最后一个位置的顶点肯定是 G 的一个没有外向边的槽顶点。（任何这样的边都将按这个顺序反向访问。）也许对于一个通用的有向图 G，最后一个位置的顶点总是属于一个槽 SCC 呢？

一个例子

很遗憾，不是。例如，假设我们在图 2.24 上运行 TopoSort 算法。假设我们按照升序处理顶点，首先考虑顶点 1（在这种情况下，所有的顶点都会在外层循环的第 1 遍迭代中被发现）。我们进一步假设深度优先的搜索在访问边(3,11)之前访问边(3,5)，在访问边(5,9)之前访问边(5,7)，在访问边(9,2)之前访问边(9,4)，在访问边(9,8)之前访问边(9,2)。在这种情况下，我们可以验证顶点位置如图 2.25 所示。

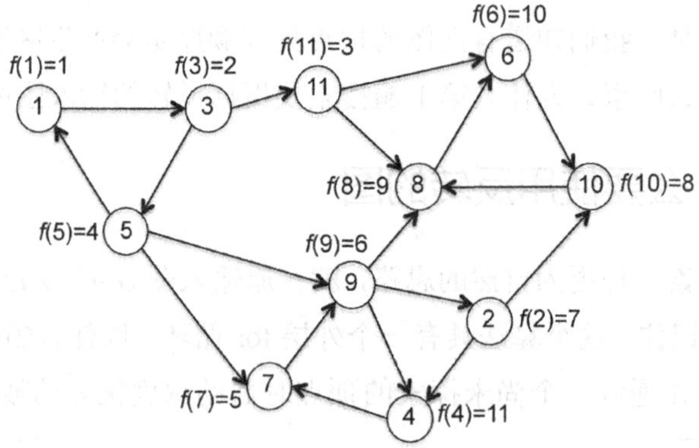

图 2.25 TopoSort 算法验证的顶点位置

与我们的愿望相反，最后一个位置的顶点（顶点 4）并不属于槽 SCC。有一个好消息是第 1 个位置的顶点（顶点 1）属于一个源 SCC（即没有入射边的 SCC）。

如果改用降序处理顶点会怎么样呢？如果深度优先的搜索在访问边(11,8)之前访问边(11,6)，在访问边(9,4)之前访问边(9,2)，那么顶点位置如图 2.26 所示（可以进行验证）。

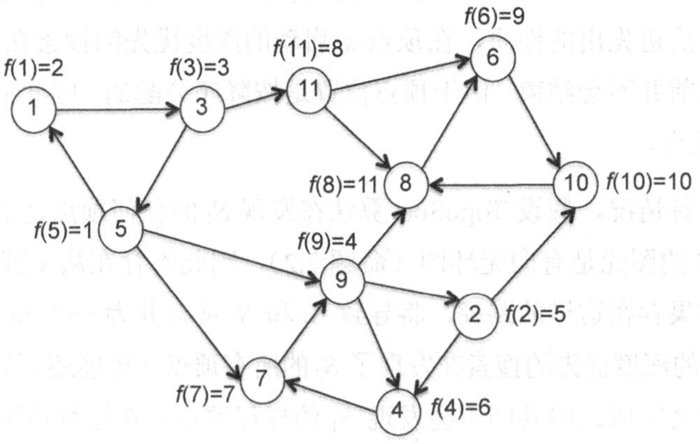

图 2.26 降序处理的顶点位置

这一次，最后一个位置的顶点位于槽 SCC 中，但我们知道这并不是普遍情况。更为有趣的是，第 1 个位置的顶点仍然属于源 SCC，虽然这次是这个 SCC 中的另一个顶点。这是不是普遍情况呢？

第 1 个顶点位于源 SCC 中

事实上，存在一个更进一步的结论：对于图 G 的每个 SCC，如果用它的一个最小顶点位置作为它的标签，这些标签就构成了命题 2.2 所定义的 SCC 图元的一个拓扑顺序。

定理 2.7（SCC 的拓扑顺序） 设 G 是有向图，其顶点顺序任意。对于它的每个顶点 $v\in V$，$f(v)$表示 TopoSort 算法所计算的 v 的位置。设 S_1 和 S_2 表示 G 的两个 SCC，并假设 G 具有一条边(v,w)满足 $v\in S_1$ 且 $w\in S_2$，则

$$\min_{x\in S_1} f(x) < \min_{y\in S_2} f(y)$$

证明：这个定理的证明与 TopoSort 算法的证明（定理 2.6，现在有必要重新

复习）相似。设 S_1 和 S_2 表示 G 的两个 SCC，并考虑两种情况。[①]首先，假设 TopoSort 算法在 S_2 的任何顶点之前发现了 S_1 的一个顶点 s，并启动了深度优先的搜索。由于存在一条从 S_1 中的某个顶点 v 到 S_2 中的某个顶点 w 的一条边，并且 S_1 和 S_2 都是 SCC，因此 S_2 中的每个顶点都是可以从 s 到达的。为了到达某个顶点 $y \in S_2$，只需要把 S_1 中的一条路径 $s \rightsquigarrow v$、边 (v,w) 和 S_2 中的一条路径 $w \rightsquigarrow y$ 连接在一起。由于递归调用后进先出的性质，在顶点 s 启动的深度优先的搜索在 S_2 的所有顶点完成探索之前并不会结束。由于顶点位置是按降序分配的，因此 v 的位置将小于 S_2 的每个顶点。

对于第二种情况，假设 TopoSort 算法在发现 S_1 的任何顶点之前发现了顶点 $s \in S_2$。由于 G 的图元是有向无环图（命题 2.2），因此不存在从 s 到 S_1 的任何顶点的路径（如果存在这样的路径，将导致 S_1 和 S_2 被合并为一个 SCC）。因此，从顶点 s 启动的深度优先的搜索在发现了 S_2 的所有顶点（可能还要处理一些其他事务）之后才会完成，但其间不会发现 S_1 的任何顶点。在这种情况下，S_1 的每个顶点所分配的位置都小于 S_2 的每个顶点。

定理 2.7 说明了第 1 个位置的顶点总是位于一个源 SCC 中，这正是我们所希望的。考虑 $f(v)=1$ 的一个顶点 v，它存在于 S 这个 SCC 中。如果 S 不是源 SCC，具有一条来自另一个不同的 SCC——S'的入射边，那么根据定理 2.7，S'中的最小顶点将小于 0，这是不可能的。

总之，经过一遍深度优先的搜索之后，我们立即可以确定一个位于某个源 SCC 中的顶点。唯一的问题是什么？我们实际上希望寻找的是某个槽 SCC 中的一个顶点。怎么解决这个问题呢？只要在一开始把图反转即可。

对图进行反转

小测验 2.6

设 G 是有向图，G^{rev} 是 G 的一个副本，但其中每条边的方向都进行了反转。G 的 SCC 和 G^{rev} 的 SCC 具有什么关系？（选择所有正确的答案。）

---

① 两种情况都是可能的，就像在前一个例子所看到的那样。

（a）一般而言，它们是不相关的。

（b）G 的每个 SCC 也是 G^{rev} 的 SCC，反之亦然。

（c）G 的每个源 SCC 也是 G^{rev} 的一个源 SCC。

（d）G 的每个槽 SCC 成了 G^{rev} 的一个源 SCC。

（正确答案和详细解释参见 2.6.7 节。）

推论 2.1 是根据小测验 2.6 的答案对定理 2.7 进行的改写，使之适用于反转图。

推论 2.1 设 G 是个有向图，顶点的顺序是任意的。对于每个顶点 $v \in V$，$f(v)$ 表示 TopoSort 算法在反转图 G^{rev} 上计算的 v 的位置。假设 S_1 和 S_2 表示 G 的两个 SCC，并假设 G 具有一条边 (v,w)，满足 $v \in S_1$ 且 $w \in S_2$，则

$$\min_{x \in S_1} f(x) < \min_{y \in S_2} f(y) \tag{2.1}$$

具体地说，第 1 个位置的顶点位于 G 的一个槽 SCC 中，它是第 2 遍深度优先的搜索的理想起始顶点。

2.6.4 Kosaraju 的伪码

现在一切都已经准备妥当：我们在反转图上运行一遍深度优先的搜索（通过 TopoSort），计算出了顶点的神奇访问顺序，然后运行第 2 遍深度优先的搜索（通过 DFS-Topo 子程序）以相反的拓扑顺序发现 SCC，就像剥洋葱一样将它们逐个剥除。

Kosaraju

输入：邻接列表表示形式的有向图 $G=(V,E)$，具有 $V=\{1,2,3,\cdots,n\}$。

完成状态：对于每对 $v,w \in V$，当且仅当 v 和 w 位于 G 的同一个 SCC 中时，满足 $scc(v) = scc(w)$。

```
Grev := 所有的边反转了方向的 G
把 Grev 的所有顶点标记为未探索
// 第 1 遍深度优化的搜索
//（计算所有的 f(v)，即神奇的访问顺序）
```

```
TopoSort (G^rev)
// 第 2 遍深度优化的搜索
//（按照相反的拓扑顺序寻找 SCC）
把 G 的所有顶点标记为未探索
numSCC := 0 // 全局变量
for 每个 v∈V，按 f(v) 的升序 do
    if v 为未探索 then
        numSCC := numSCC + 1
        // 分配 scc 值（细节如下）
        DFS-SCC (G, v)
```

以下是 3 个实现细节。[①]

（1）实现这个算法比较简单的方法是从字面上创建输入图的一个副本，将所有的边反转方向，并把它输入到 TopoSort 子程序中。一种更为聪明的实现是在原始输入图上按照相反方向运行 TopoSort 算法，把 2.5 节的 DFS-Topo 子程序中的“*s* 的外向邻接列表中的每条边(*s*,*v*)”替换为“*s* 的入射邻接列表中的每条边(*v*,*s*)”。

（2）为了得到正确的结果，第 1 遍深度优先的搜索应该导出一个数组，其中包含的顶点（或指向顶点的指针）按照它们的位置排列，这样第 2 遍深度优先的搜索用一遍简单的数组扫描即可完成对它们的处理。这个操作只在 TopoSort 子程序上增加了常数级的开销（可以进行验证）。

（3）DFS-SCC 子程序与 DFS 相同，只是增加了额外的 1 行代码记录一些辅助信息。

DFS-SCC

输入： 邻接列表表示形式的有向图 G，顶点 $s \in V$。

完成状态： 每个可以从 s 到达的顶点被标记为已探索，并且分配了一个 SCC 值。

```
把 s 标记为已探索
scc(s) := numSCC // 上面的全局变量
for 每条边 (s, v) 在 s 的外向邻接列表中 do
    if v 为未探索 then
        DFS-SCC (G, v)
```

① 为了真正领会它的妙处，最好自己实现这个算法（参见问题 2.10）。

2.6.5 一个例子

根据前面的例子对算法进行验证，确认所得到的正是我们所需要的，即第 2 遍深度优先的搜索按照相反的拓扑顺序发现 SCC。假设图 2.24 中的图是输入图的反转图 G^{rev}。我们在 2.6.3 节介绍了两种计算方法，TopoSort 算法可以根据这两种方法向这个图的顶点分配 f 值。我们将使用第一种方法。图 2.27 所示的是（未反转的）输入图，它的顶点用各自的顶点位置进行了标注。

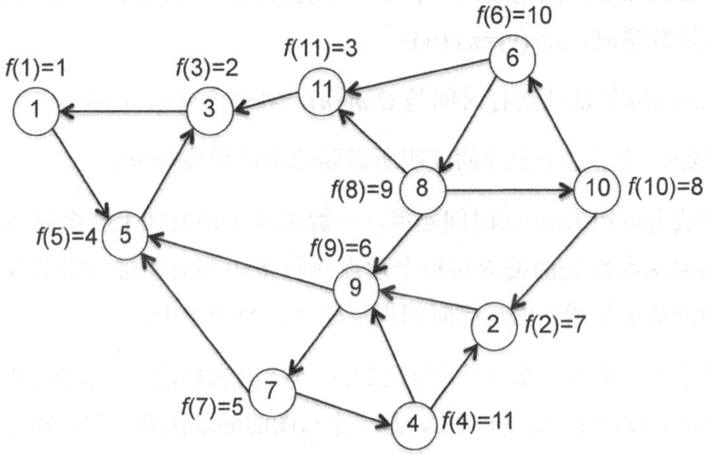

图 2.27 TopoSort 算法输入图（未反转）

第 2 遍搜索按照顶点位置的升序对顶点进行迭代。因此，DFS-SCC 的第 1 次调用是在第 1 个位置的顶点（恰好是顶点 1）处开始的。它发现了顶点 1、3 和 5，并把它们标注为第 1 个 SCC 的顶点。这个算法继续考虑第 2 个顶点位置的顶点（顶点 3），它已经在第 1 次 DFS-SCC 调用时被探索，因此将被跳过。第 3 个顶点位置的顶点（顶点 11）还没有被发现，因此它是 DFS-SCC 的下一个起始顶点。这个顶点唯一的外向边到达一个已经被探索的顶点（顶点 3），因此 11 是第 2 个 SCC 的唯一成员。这个算法跳过第 4 个位置的顶点（顶点 5，已经被探索），并从顶点 7 也就是第 5 个位置的顶点再次启动 DFS-SCC。

这次搜索发现顶点 2、4、7 和 9（另一条外向边到达已经探索过的顶点 5），并确认它们为第 3 个 SCC。这个算法跳过顶点 9 和顶点 2，并最终在顶点 10 处调用最后一次 DFS-SCC，发现最后一个 SCC（由顶点 6、8 和 10 组成）。

2.6.6 正确性和运行时间

Kosaraju 算法是正确的，对于每个有向图都可以实现令人惊叹的高速度，而不仅仅是针对前面这个例子。

定理 2.8（Kosaraju 的属性） 对于每个采用邻接列表表示形式的有向图 $G=(V, E)$：

（a）若 Kosaraju 算法完成，对于每一对顶点 v,w，当且仅当 v 和 w 属于 G 的同一个强连通分量时，$scc(v)=scc(w)$；

（b）Kosaraju 算法的运行时间是 $O(m+n)$，其中 $m=|E|$，$n=|V|$。

我们已经讨论了这个定理的证明所需要的全部组成部分。

这个算法可以用 $O(m+n)$时间实现，一般情况下还要加上一个较小的隐藏常数因子。两遍深度优先的搜索对每个顶点或每条边都需要进行常数级的操作，额外的辅助记录工作增加的运行时间也反映在常数因子上。

这个算法还正确地计算了所有的 SCC：每次当它启动一个新的 DFS-SCC 调用时，它正好只发现 1 个新的 SCC，是一个与图的尚未探索的顶点相关的槽 SCC（也就是说，所有的外向边都指向已经探索过的顶点的 SCC）。[①]

2.6.7 小测验 2.5 和小测验 2.6 的答案

小测验 2.5 的答案

正确答案：（d）。在有向无环图 $G=(V,E)$中，每个顶点位于各自的强连通分量中（总共是 $n=|V|$个 SCC）。为了理解这一点，可以固定 G 的一个拓扑顺序（2.5.1

---

① 如果要更正式地进行证明，那么可以考虑在一个属于 SCC S 的起始顶点 v 处调用 DFS-SCC 子程序。推论 2.1 提示了从 v 出发的有向路径能够访问到的 SCC 至少包含了 1 个早于 v 的位置的顶点。由于 Kosaraju 算法按照位置的顺序处理顶点，因此 SCC 中从 v 可以到达的所有顶点都已经被算法所探索。（记住，这个算法一旦找到一个 SCC 的一个顶点，就会发现这个 SCC 的所有顶点。）因此，从 S 出发的边只能到达已经被探索的顶点。对 DFS-SCC 的这个调用只能发现 S 的顶点，无法发现其他顶点，因为不存在路径穿越到其他 SCC。由于 DFS-SCC 的每次调用都发现一个单独的 SCC，并且每个顶点最终都会被考虑到，因此 Kosaraju 算法能够正确地找到所有的 SCC。

节），每个顶点 $v \in V$ 分配一个不同的标签 $f(v)$（根据定理 2.5，这是必然存在的）。G 的边只能从较小的 f 值指向较大的 f 值，因此对于每一对顶点 $v,w \in V$，要么 G 中不存在 $v \rightsquigarrow w$ 路径（如果 $f(v)>f(w)$），要么不存在 $w \rightsquigarrow v$ 路径（如果 $f(w)>f(v)$）。这就排除了这两个顶点位于同一个 SCC 中的情况。

小测验 2.6 的答案

正确答案：(b)(d)。当且仅当同时存在从 v 到 w 的有向路径 P_1 和从 w 到 v 的有向路径 P_2 时，有向图的两个顶点 v 和 w 才属于同一个强连通分量。对于 G 中的顶点 v 和 w，当且仅当这个属性在 G^{rev} 中成立时，在 G 中也是成立的。对于前者，使用 P_1 的反转版本从 w 到达 v 以及 P_2 的反转版本从 v 到达 w，见图 2.28（b）。我们可以得出结论，G 的 SCC 与 G^{rev} 是相同的。G 的源 SCC（没有入射边）成为 G^{rev} 的槽 SCC（没有外向边），G 的槽 SCC 成为 G^{rev} 的源 SCC。按照更通用的说法，当且仅当 G^{rev} 中存在一条从 SCC S_2 中的一个顶点到 SCC S_1 的一个顶点的边时，G 中才存在一条对应的从 S_1 中的一个顶点到 S_2 中的一个顶点的边。[①]

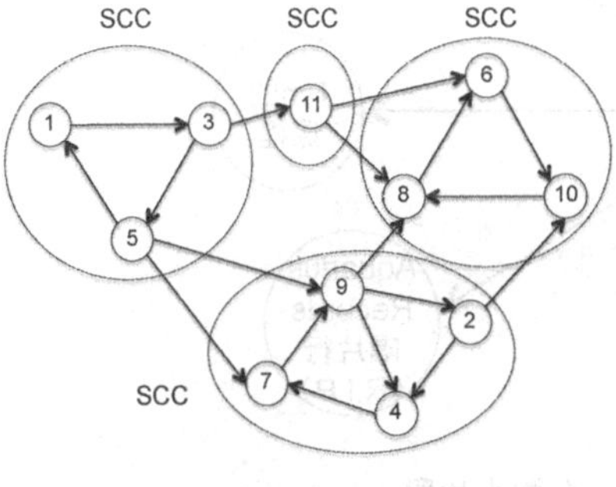

(a) 原始图

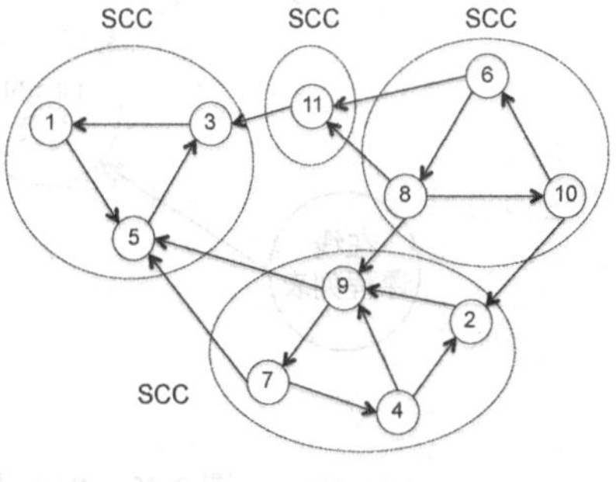

(b) 反转图

图 2.28 一个图和它的反转图具有相同的连通分量

2.7 Web 的结构

现在，我们已经了解了图的一些零代价的基本算法。如果我们需要处理图数

① 换句话说，G^{rev} 的图元（命题 2.2）很简单，就是每条边的方向都进行了反转的 G 的图元。

据，就可以应用这些具有令人惊叹的高速度的算法，即使我们并不明确以后会不会用到这些算法所产生的结果。例如，对于一个有向图，为什么不计算它的强连通分量以便对它的形状有所了解呢？接下来，我们将在一个极其庞大并且非常有趣的有向图中探索这个思路，这个图就是 Web 图。

2.7.1 Web 图

在 Web 图中，顶点对应于 Web 页面，边对应于超链接。这种图是有向的，边是从包含链接的页面指向该链接的登录页面。例如，我的主页对应于这种图的一个顶点，它的外向边对应于指向我的图书、课程等页面的链接。另外，也存在一些入射边对应于指向我的主页的链接，它们可能来自于我的合作作者或在线课程的指导教师列表（见图 2.29）。

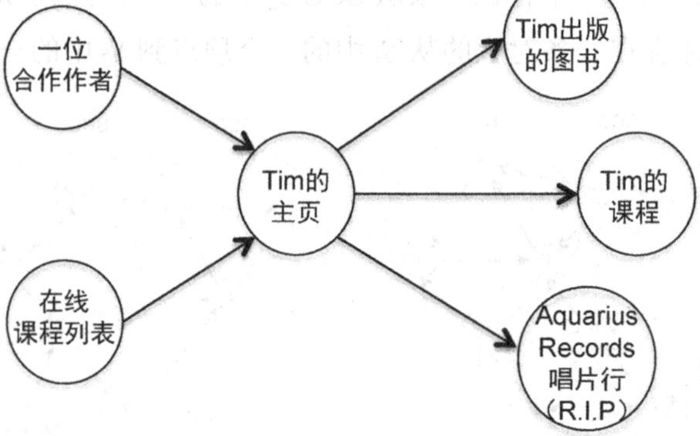

图 2.29 Web 图的一个微小片段

虽然 Web 的起源可以回溯到大约 1990 年，但 Web 真正得到大规模应用却是在 5 年之后。大约在 2000 年（在 Internet 纪年中尚属石器时代），Web 图已经变得极为庞大，超出了人们的想象，研究人员对它的结构产生了强烈的兴趣并开始致力于这方面的研究。[①]本节描述了那个时代的一项著名研究，它通过计算

① 构建这种网络需要沿着超链接对（一大片的）Web 反复进行爬行，就其本身而言，就是一个伟大的工程奇迹。

Web 图的强连通分量对它的结构进行了探索。①由于当时 Web 已经拥有超过 2 亿个顶点和 150 亿条边，因此绝对需要一种线性时间的算法!②

2.7.2 蝴蝶结

Broder 等人进行的这项研究计算 Web 图的强连通分量，并用图 2.30 所描绘的“蝴蝶结”解释了他们的发现。蝴蝶结的结是这个图的最大强连通分量，大约包含了 28%的顶点。标题“巨型”用来形容这个 SCC 是非常合适的，因为次小的那个 SCC 要比它小两个数量级。③这个巨型 SCC 可以看成 Web 的核心，每个页面可以通过一系列的超链接到达其他页面。

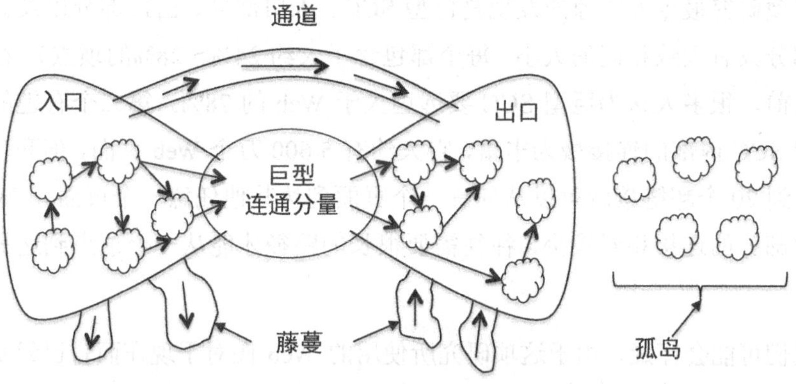

图 2.30 把 Web 图看成一个“蝴蝶结”。大约有相同数量的 Web 页面分别属于巨型 SCC、入口、出口以及图的剩余部分

较小的 SCC 可以放在几个分类中。从某个分类可以到达那个巨型 SCC（但反过来不行），这是蝴蝶结的左半部分（“入口”）。例如，一个新创建的 Web 页

---

① 一篇名为“Graph Structure in the Web”（Web 的图结构）的通俗易懂的论文描述了这项研究。这篇论文的作者包括 Andrei Broder、Ravi Kumar、Farzin Maghoul、Prabhakar Raghavan、Sridhar Rajagopalan、Raymie Stata、Andrew Tomkins 和 Janet Wiener（*Computer Networks*，2000）。那个时候，Google 才刚刚出现，这项研究使用了由搜索引擎 Alta Vista（现在已经消亡很久了）进行 Web 爬行所得到的数据。

② 这项研究在年代上早于现在的巨量数据处理框架，如 MapReduce 和 Hadoop，这在当时已经是极其恐怖的输入规模。

③ 注意，把两个 SCC 合并为 1 个 SCC 的唯一需求就是每个方向都有一条边。存在两个巨大的 SCC 显得有点奇怪，很难想象它们之间不存在一条至少是单向的边。

面如果可以链接到巨型 SCC 中的某些页面，它就可以出现在这个部分。

另外，还有一个对称的“出口”部分，可以从巨型 SCC 到达这个部分，但反过来不行。这种类型的 SCC 的一个例子是公司的网站，公司的策略决定了它的所有超链接都位于这个站点中。另外，还有一种奇怪的东西称为“通道”，它从入口到达出口，绕过了巨型 SCC。还有“藤蔓”，它可以从入口到达或者可以到达出口（但并不属于巨型 SCC）。此外，还有一些 Web 页面的“孤岛”，无法到达 Web 的其他所有部分或者从后者到达。

2.7.3 主要发现

这项研究最令人吃惊的发现是巨型 SCC、入口部分、出口部分以及其他奇怪的部分具有大致相同的大小（每个都包含了大约 24%～28%的顶点）。在这项研究之前，很多人认为巨型 SCC 要远远大于 Web 的 28%。第二个有趣的发现是巨型 SCC 内部的连接极为丰富，它大约有 5 600 万个 Web 页面，但我们大约需要不到 20 个超链接就可以从任意一个页面到达其他任意一个页面。[①]Web 图的其他部分的连接相对较少，往往需要很长的路径才能从一个顶点到达另一个顶点。

我们可能会怀疑，由于这项研究所使用的 Web 图对于现在而言已经是史前快照，这些发现是不是已经过时了。随着 Web 图的增长和演变，确切的数量已经发生了很大的变化。但是，对 Web 图的结构进行重新评估的最新研究表明，Broder 等人发现的数量关系仍然是准确的。[②]

---

① 无所不在的短路径又称“小世界属性”，它与流行词“六级分离”密切相关。

② Web 图和其他信息网络还有很多非常好的研究。例如，Web 图是如何随着时间而演变的，信息在这样的图中是如何动态扩散的，以及如何确认“社区”或其他有意义的精细粒度的结构。速度很快的图元算法在许多这类研究中扮演了一个关键的角色。关于这些话题的简单介绍，可以参阅 *Networks, Crowds, and Markets: Reasoning About a Highly Connected World*（《网络、人群和市场，关于高度互联世界的推理》）（剑桥大学出版社，2010），其作者为 David Easley 和 Jon Kleinberg。

2.8 本章要点

- 宽度优先的搜索（BFS）按层次对图进行精心的探索。
- BFS 可以使用队列数据结构在线性时间内实现。
- BFS 可以在线性时间内计算一个起始顶点和其他所有顶点之间的最短路径的长度。
- 无向图的连通分量是每对顶点之间都存在一条路径的最大顶点子集。
- 像 BFS 这样的高效图搜索算法可以在线性时间内计算无向图的连通分量。
- 深度优先的搜索（DFS）采用激进的方式对图进行探索，只在必要时才进行回溯。
- DFS 可以使用堆栈数据结构（或递归）在线性时间内实现。
- 有向图的拓扑顺序为顶点分配不同的数值标签，每条边从具有更小标签的顶点指向具有更大标签的顶点。
- 有向无环图才具有拓扑顺序。
- DFS 可以在线性时间内计算有向无环图的拓扑顺序。
- 有向图的强连通分量是一个最大顶点子集，集合中的任何顶点都有一条有向路径通向集合中的其他任何顶点。
- DFS 可以在线性时间内计算有向图的强连通分量。
- 在 Web 图中，一个巨型的强连通分量包含了大约 28%的顶点，它的内部具有丰富的连接。

2.9 章末习题

问题 2.1 下面哪些说法是正确的？与往常一样，n 和 m 分别表示一个图的顶点数和边数。（选择所有正确的答案。）

（a）宽度优先的搜索可以在 $O(m+n)$时间内计算无向图的连通分量。

（b）宽度优先的搜索可以在 $O(m+n)$时间内计算从一个起始顶点到其他任何顶点的最短路径的长度，其中“最短”表示具有最少的边数。

（c）深度优先的搜索可以在 $O(m+n)$时间内计算有向图的强连通分量。

（d）深度优先的搜索可以在 $O(m+n)$时间内计算有向无环图的一个拓扑顺序。

问题 2.2 如果输入图采用邻接矩阵表示形式（而不是邻接列表），那么深度优先的搜索的运行时间是多长？用 n 和 m（顶点数和边数）的一个函数来表示。可以假设输入图中不存在平行边。

（a）$\Theta(m+n)$

（b）$\Theta(m+n\log n)$

（c）$\Theta(n^2)$

（d）$\Theta(m\cdot n)$

问题 2.3 这个问题探索了与图的距离有关的两种定义之间的关系。在这个问题中，我们只考虑无向连接图。图的直径是指在顶点 v 和 w 的所有选择中，v 和 w 之间的最短路径的最大值。[①]接着，对于顶点 v，$l(v)$表示在所有其他顶点 w 中，v 和 w 之间的最短路径的最大值。图的半径是指在顶点 v 的所有选择中，$l(v)$的最小值。

下面与半径 r 和直径 d 有关的哪些不等式在每个无向连接图中都是成立的？（选择所有正确的答案。）

（a）$r\leqslant\frac{d}{2}$

（b）$r\leqslant d$

（c）$r\geqslant\frac{d}{2}$

（d）$r\geqslant d$

---

① 注意，v 和 w 之间的最短路径长度是具有最少边数的 v-w 路径。

问题 2.4 有向图在什么时候具有唯一的拓扑顺序？

（a）当它是个有向无环图时。

（b）当它具有唯一的环时。

（c）当它包含了一条正好只访问每个顶点 1 次的有向路径时。

（d）上述选项都不正确。

问题 2.5 考虑在一个并非有向无环图的有向图 G 上运行 2.5 节的 TopoSort 算法。这个算法将无法计算出一个拓扑顺序（因为不存在）。它能否计算出一种向后访问的边数最少的顶点顺序呢（见图 2.31）？（选择所有正确的答案。）

（a）TopoSort 算法总是能够计算具有最少的向后访问边的顶点顺序。

（b）TopoSort 算法无法计算具有最少的向后访问边的顶点顺序。

（c）TopoSort 算法有时能够计算具有最少的向后访问边的顶点顺序，有时无法计算。

（d）当且仅当输入图是有向环时，TopoSort 算法才能计算具有最长的向后访问边的顶点顺序。

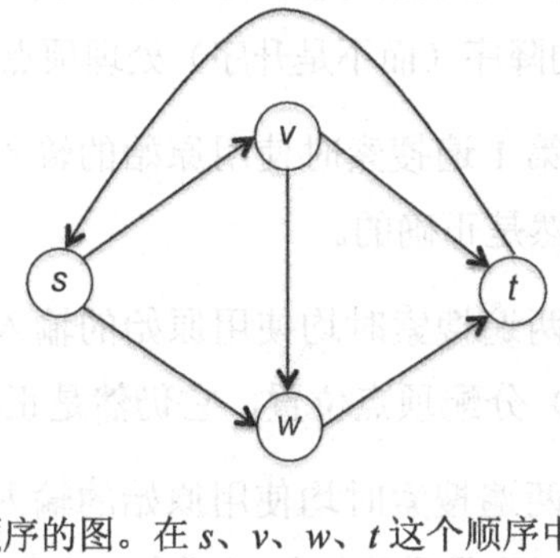

图 2.31 不存在拓扑顺序的图。在 s、v、w、t 这个顺序中，唯一的向后边是(t, s)

问题 2.6 如果向一个有向图 G 添加一条新边，那么强连通分量的数量________。（选择所有正确的答案。）

（a）可能不变，也可能改变（取决于 G 以及这条新边）。

（b）不可能减少。

（c）不可能增加。

（d）减少的数量不可能超过 1。

问题 2.7 回顾 2.6 节的 Kosaraju 算法，它使用了两遍深度优先的搜索计算有向图的强连通分量。下面哪些说法是正确的？（选择所有正确的答案。）

（a）如果这个算法把它的两遍搜索中的深度优先的搜索修改为宽度优先的搜索，那么它仍然是正确的。

（b）如果这个算法把第 1 遍深度优先的搜索修改为宽度优先的搜索，那么它仍然是正确的。

（c）如果这个算法把第 2 遍深度优先的搜索修改为宽度优先的搜索，那么它仍然是正确的。

（d）这个算法必须在它的两遍搜索中均使用深度优先的搜索才能保持正确。

问题 2.8 继续回顾 Kosaraju 算法，第 1 遍深度优先的算法对输入图的反向版本进行操作，第 2 遍则对原始的输入图进行操作。下面哪些说法是正确的？（选择所有正确的答案。）

（a）如果这个算法在第 1 遍搜索时按升序（而不是降序）分配顶点位置，并在第 2 遍搜索时按顶点位置的降序（而不是升序）处理顶点，那么它仍然是正确的。

（b）如果这个算法在第 1 遍搜索时使用原始的输入图并在第 2 遍搜索时使用它的反转图，那么它仍然是正确的。

（c）如果这个算法在两遍搜索时均使用原始的输入图，只要在第 1 遍搜索时它按升序（而不是降序）分配顶点位置，它仍然是正确的。

（d）如果这个算法在两遍搜索时均使用原始的输入图，只要它在第 2 遍搜索时按顶点位置的降序（而不是升序）处理顶点，它仍然是正确的。

挑战题

问题 2.9 在 2SAT 问题中，我们面对一组子句。每个子句都是两个文字值的逻辑“或”（or）结果（文字值是个布尔变量或布尔变量的求反）。我们希望为每个变量赋一个“true”或“false”值，使所有的子句都得到满足，也就是子句中至少有一个文字值为“true”。例如，如果输入中包含 $x_1 \vee x_2$、$\neg x_1 \vee x_3$ 和 $\neg x_2 \vee \neg x_3$ 共 3 个子句，那么满足所有 3 个子句的一种方法是把 x_1 和 x_3 设置为“true”，把 x_2 设置为“false”。[①]在其他 7 种可能的真值赋值中，只有 1 种满足全部 3 个子句。

设计一种算法，判断一个特定的 2SAT 实例是否至少具有 1 种满足的赋值方式（这个算法只负责决定是否存在一个满足的赋值方式，它不需要显示具体的赋值）。这个算法的运行时间应该是 $O(m+n)$，其中 m 和 n 分别是子句和变量的数量。

提示：说明如何通过计算一个适当定义的有向图的强连通分量来解决这个问题。

编程题

问题 2.10 用自己喜欢的编程语言实现 2.6 节介绍的 Kosaraju 算法，并用它计算不同的有向图的 5 个最大强连通分量。我们可以实现深度优先的搜索的迭代版本或递归版本，也可以同时实现两者（参见第 40 页的脚注③）。（关于测试用例和挑战数据集，参见 www.algorithmsilluminated.org。）

① 符号“∨”表示逻辑“或”操作，“¬”表示一个布尔变量的求反。

第3章 Dijkstra 最短路径算法

现在，我们准备介绍计算机科学史上伟大的成就之一：Dijkstra 最短路径算法①。这个算法适用于边的长度均不为负数的有向图，它计算从一个起始顶点到其他所有顶点的最短路径的长度。在正式定义这个问题（3.1 节）之后，我们讲解这个算法（3.2 节）以及它的正确性证明（3.3 节），然后介绍一个简单直接的实现（3.4 节）。在第 4 章中，我们将看到这种算法的一种令人惊叹的快速实现，它充分利用了堆这种数据结构。

3.1 单源最短路径问题

3.1.1 问题定义

Dijkstra 算法解决了单源最短路径问题。②

---

① Dijkstra 最短路径算法是 Edsger W. Dijkstra 于 1956 年发现的（多年以后，他在一次采访时表示当时只用了 20 分钟就想出了这种算法）。还有几位研究人员在 20 世纪 50 年代后期也发现了这种算法。

② 问题名称中的“单源”表示给定的起始顶点。我们已经使用“起始顶点”这个术语表示一个有向图的某个顶点没有入射边（2.5.2 节）。为了与第 2 章的术语保持一致，我们将沿用“起始顶点”这种说法。

问题：单源最短路径

输入：有向图 $G=(V, E)$，起始顶点 $s \in V$，并且每条边 $e \in E$ 的长度 l_e 均为非负值。

输出：每个顶点 $v \in V$ 的 $dist(s,v)$。

注意，$dist(s,v)$这种记法表示从 s 到 v 的最短路径的长度（如果不存在从 s 到 v 的路径，$dist(s,v)$就是$+\infty$）。所谓路径的长度，就是组成这条路径的各条边的长度之和。例如，在一个每条边的长度均为 1 的图中，路径的长度就是它所包含的边的数量。从顶点 v 到顶点 w 的最短路径就是所有从 v 到 w 的路径中长度最短的。

例如，如果一个图表示道路网，每条边的长度表示从一端到另一端的预期行车时间，那么单源最短路径问题就成为计算从一个起始顶点到所有可能的目的地的行车时间的问题。

小测验 3.1

考虑单源最短路径问题的下面这个输入，起始顶点为 s，每条边都有一个标识了它的长度的标签：

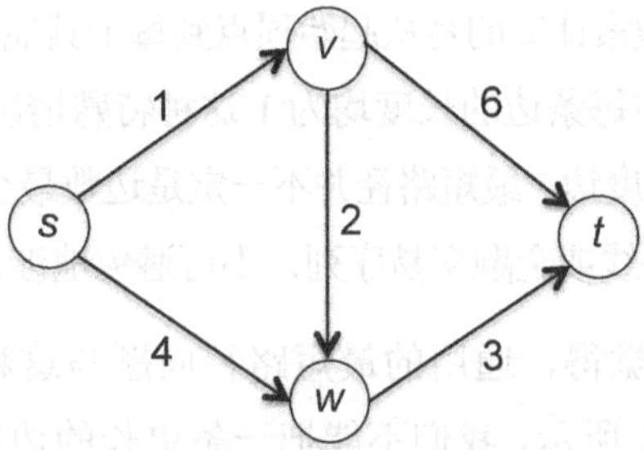

从 s 出发到 s、v、w 和 t 的最短距离分别是多少？

（a）0，1，2，3

（b）0，1，3，6

（c）0，1，4，6

（d）0，1，4，7

（正确答案和详细解释参见 3.1.4 节。）

3.1.2 一些前提条件

方便起见，我们假设本章中的输入图是有向图。经过一些微小的戏剧性修改之后，Dijkstra 算法同样适用于无向图（可以进行验证）。

另一个前提条件比较重要。问题陈述已经清楚地表明：我们假设每条边的长度是非负的。在许多应用中（例如计算行车路线），边的长度天然就是非负的（除非涉及时光机器），我们完全不需要担心这个问题。但是，我们要记住，图的路径也可以表示抽象的决策序列。例如，也许我们希望计算涉及购买和销售的金融交易序列的利润。这个问题相当于在一个边的长度可能为正也可能为负的图中寻找最短路径。在边的长度可能为负的应用中，我们不应该使用 Dijkstra 算法，具体原因可以参考 3.3.1 节。①

3.1.3 为什么不使用宽度优先的搜索

如 2.2 节所述，宽度优先的搜索的一个“杀手”级应用就是计算从一个起始顶点出发的最短路径。我们为什么需要另一种最短路径算法呢？

记住，宽度优先的搜索计算的是从起始顶点到每个其他顶点的边数最少的路径，这是单源最短路径问题中每条边的长度均为 1 这种特殊情况。我们在小测验 3.1 中看到，对于通用的非负长度边，最短路径并不一定是边数最少的路径。最短路径的许多应用，例如计算行车路线或金融交易序列，不可避免地涉及不同长度的边。

但是，读者可能会觉得，通用的最短路径问题与这种特殊情况真的存在这么大的区别吗？如图 3.1 所示，我们不能把一条更长的边看成 3 条长度为 1 的边组成的路径吗？

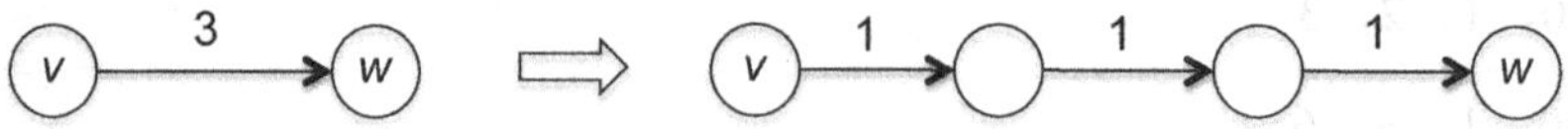

图 3.1 路径

① 在本系列图书的第 3 卷中，我们将学习更加基本的单源最短路径问题的高效算法。在这种问题中，允许出现长度为负的边。这些算法包括著名的 Bellman-Ford 算法。

事实上，“一条长度为正整数ℓ的边”和“一条由ℓ条长度为 1 的边所组成的路径”之间并没有本质的区别。在原则上，我们可以把每条边展开为由多条长度为 1 的边组成的路径，然后应用宽度优先的搜索对图进行展开来解决单源最短路径问题。

这是把一个问题简化为另一个问题的一个例子。在这个例子中，就是从边的长度为正整数的单源最短路径问题简化为每条边的长度均为 1 的特殊情况。

这种简化的主要问题是它扩大了图的规模。如果所有边的长度都是小整数，那么这种扩张并不是严重的问题。但在实际应用中，情况并不一定如此。某条边的长度很可能比原图中顶点和边的总数还要大很多！宽度优先的搜索在扩张后的图中的运行效率是线性时间，但这种线性时间并不一定接近原图长度的线性时间。

Dijkstra 算法可以看成是在扩张后的图上执行宽度优先的搜索的一种灵活模拟，它只对原始输入图进行操作，其运行时间近似线性。

关于简化

如果一种能够解决问题 B 的算法可以方便地经过转换解决问题 A，那么问题 A 就可以简化为问题 B。例如，计算数组的中位元素的问题可以简化为对数组进行排序的问题。简化是算法及其限制的研究中非常重要的概念，具有极强的实用性。

我们总是应该寻求问题的简化。当我们遇到一个似乎是新的问题时，总是要问自己：这个问题是不是一个我们已经知道怎样解决的问题的伪装版本呢？或者，我们是不是可以把这个问题的通用版本简化为一种特殊情况呢？

3.1.4 小测验 3.1 的答案

正确答案：（b）。从 s 到本身的最短路径的长度为 0 以及从 s 到 v 的最短路径的长度为 1 不需要讨论。顶点 w 稍微有趣一点。从 s 到 w 的其中一条路径是有向边 (s,w)，它的长度是 4。但是，通过更多的边可以减少总长度：路径 $s\to v\to w$ 的长度只有 1+2=3，它是最短的 s–w 路径。类似地，从 s 到 t 的每条经过两次跳跃的路径的长度为 7，而那条更迂回的路径的长度只有 1+2+3=6。

3.2 Dijkstra 算法

3.2.1 伪码

Dijkstra 算法的高层结构与第 2 章的图搜索算法相似。[1]它的主循环的每次迭代处理一个新的顶点。这个算法的高级之处在于它采用了一种非常“聪明”的规则选择接下来处理哪个顶点：就是尚未处理的顶点中看上去最靠近起始顶点的那一个。下面的伪码精确地描述了这个思路。

Dijkstra 算法

输入：邻接列表表示形式的有向边 $G=(V,E)$，对于每条边 $e\in E$，它的长度都大于或等于 0。

完成状态：对于每个顶点 v，$len(v)$的值等于真正的最短路径长度 $dist(s,v)$。

```
// 初始化
X := {s}
len(s) := 0, len(v) := +∞ for 每个 v≠s
// 主循环
while 存在一条边(v,w), v∈X, w∉X do
  (v*, w*) := 具有最小的 len(v)+ ℓ_vw 的边
  把 w*加到 X 中
   len(w*) := len(v*) + ℓ_v*w*
```

集合 X 包含了这个算法已经处理过的顶点。一开始，X 只包含了起始顶点

① 当所有的边的长度为 1 时，它就等同于宽度优先的搜索（可以进行验证）。

（当然，$len(s)=0$），然后这个集合不断增长，直到它覆盖了从 s 可以到达的所有顶点。当这个算法把一个顶点添加到 X 时，它同时为这个顶点的 len 值赋一个有限的值。主循环的每次迭代向 X 添加一个新顶点，即某条从 X 跨越到 $V-X$ 的边 (v,w) 的头顶点（图 3.2）。（如果不存在这样的边，算法就会终止，对于所有的 $v \notin X$，都有 $len(v)=+\infty$。）符合条件的边可能有多条，Dijkstra 算法选择 Dijkstra 得分最低的那条边 (v^*,w^*)，它被定义为

$$len(v)+\ell_{vw} \tag{3.1}$$

注意，Dijkstra 得分是根据边进行定义的，顶点 $w \notin X$ 可能是许多不同的从 X 跨越到 $V-X$ 的边的头顶点，这些边一般具有不同的 Dijkstra 得分。

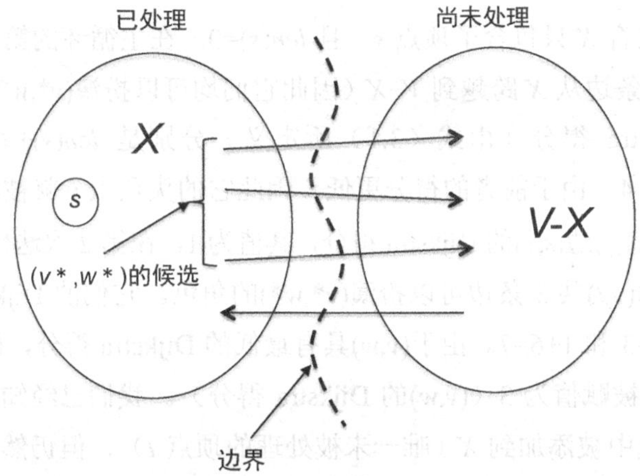

图 3.2 Dijkstra 算法的每次迭代处理一个新顶点，即一条从 X 跨越到 $V-X$ 的边的头顶点

我们可以把一条边 (v,w)（$v \in X, w \notin X$）的 Dijkstra 得分与一个假想相关联。这个假想就是：从 s 到 w 的最短路径是由一条从 s 到 v 的最短路径（其长度应该是 $len(v)$）和一条紧随其后的边 (v,w)（其长度为 ℓ_{vw}）所组成的。因此，Dijkstra 算法根据已经计算出来的最短路径的长度，并根据从 X 跨越到 $V-X$ 的各条边的长度，在尚未处理的顶点中选择添加看上去最靠近 s 的那个顶点。在把 w^* 添加到 X 时，这个算法把 $len(w^*)$ 作为从 s 出发的假想最短路径的长度，也就是边 (v^*,w^*) 的 Dijkstra 得分 $len(v^*)+\ell_{v^*w^*}$。后面的定理 3.1 规范描述的 Dijkstra 算法的神奇之处就在于这个假想保证是正确的，即使这个算法目前只

是观察了整个图的很小一部分。①

3.2.2 一个例子

下面我们根据小测验 3.1 的例子对 Dijkstra 算法进行试验：

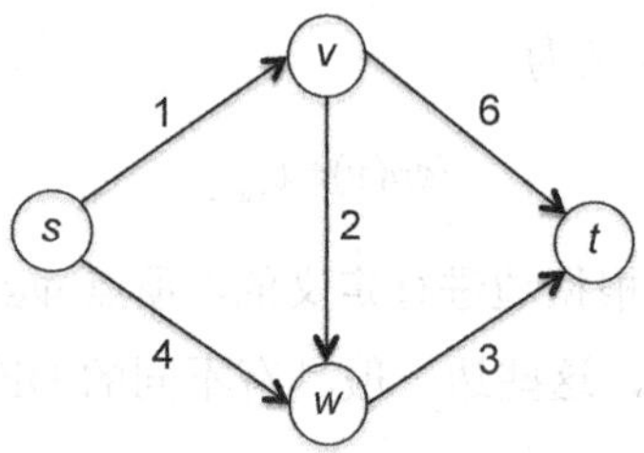

一开始，集合 X 只包含了顶点 s，且 $len(s)$=0。在主循环的第 1 次迭代中，有(s,v)和(s,w)两条边从 X 跨越到 $V-X$（因此它们均可以扮演(v^*,w^*)的角色）。这两条边的 Dijkstra 得分（由式（3.1）所定义）分别是 $len(s)+\ell_{sv}=0+1=1$ 和 $len(s)+\ell_{sw}=0+4=4$。由于前者的得分更低，因此它的头顶点 v 就被添加到 X 中，并且 $len(v)$被赋值为边(s,v)的 Dijkstra 得分，其值为 1。在第 2 次迭代时，$X=\{s,v\}$，有(s,w)、(v,w)和(v,t)共 3 条边可以扮演(v^*,w^*)的角色。它们的 Dijkstra 得分分别是 0+4=4、1+2=3 和 1+6=7。由于(v,w)具有最低的 Dijkstra 得分，因此 w 被添加到 X 中，$len(w)$被赋值为 3（(v,w)的 Dijkstra 得分）。我们已经知道哪个顶点会在最后一次迭代中被添加到 X（唯一未被处理的顶点 t），但仍然需要确定它是因为哪条边而被添加（为了计算 $len(t)$）。由于(v,t)和(w,t)的 Dijkstra 得分分别是 1+6=7 和 3+3=6，因此 $len(t)$被设置为较小的值 6。现在，集合 X 包含了所有的顶点，不再有任何边从 X 跨越到 $V-X$，因此算法就宣告结束。$len(s)$=0，$len(v)$=1，$len(w)$=3，$len(t)$=6 这几个值与我们在小测验 3.1 中所验证的真正最短路径的长度是匹配的。

当然，一个算法在一个特定的例子上是正确的并不能就此说明它在所有情况

---

① 为了计算最短路径本身（而不仅仅是它们的长度），把一个指针 predecessor(v)与每个顶点 $v\in V$ 相关联。在主 while 循环的一次迭代（第 4～6 行）中选中一条边(v^*,w^*)时，把 predecessor(w^*)赋值给负责选择 w^*的 v^*。在算法结束时，为了重构一条从 s 到顶点 x 的最短路径，顺着 predecessor 指针从 v 返回，一直到返回 s。

下都是正确的！[①]事实上，Dijkstra 算法并不能正确地计算边的长度可能为负时的最短路径长度（如 3.3.1 节所述）。我们在一开始就应该对 Dijkstra 算法保持怀疑，要求给出它的证明，至少要证明对于边的长度非负的图，它能够正确地解决单源最短路径问题。

*3.3 为什么 Dijkstra 算法是正确的

3.3.1 一种虚假的简化

读者可能会觉得奇怪，边的长度是否为负为什么会有影响呢？难道不能把每条边的长度都加上同一个很大的数字，让所有边的长度都为非负吗？

这是一个很好的思路，我们总是应该寻求是否能够把待解决的问题简化为已经知道怎样解决的问题。可惜的是，我们不能按照这种方式把通用边长的单源最短路径问题简化为非负边长的特殊情况。问题在于从一个顶点到另一个顶点的不同路径并不一定具有相同数量的边。如果我们把每条边的长度都加上一个数，不同路径所增加的数量可能并不相同，新图的最短路径可能与原图并不相同。图 3.3 所示的是一个简单的例子。

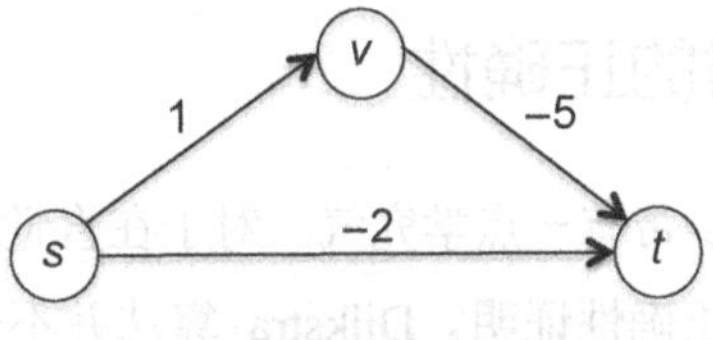

图 3.3 单源最短路径问题举例

从 s 到 t 共有两条路径：直接路径（长度为−2）和经过两次跳跃的路径 $s \to v \to t$（长度为 1+(−5)=−4）。

后者的长度更长（即绝对值更大的负值），因此是最短的 s–t 路径。

为了使这张图具有非负的边长，我们可以把每条边的长度都加上 5，结果如

① 即使是一台坏掉的模拟时钟每天也有两次走对的时候。

图 3.4 所示。

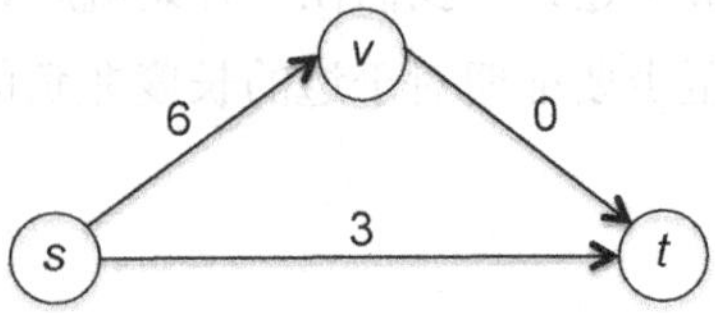

图 3.4 每条边长度加 5 后的路径

从 s 到 t 的最短路径变成了直达的 s–t 边（长度为 3，小于另一条长度为 6 的路径）。在转换后的图中运行最短路径算法所产生的结果与原图不同。

3.3.2 Dijkstra 算法的一个糟糕例子

如果我们在一个某些边的长度为负值的图（例如 3.3.1 节中的图）上运行 Dijkstra 算法，会发生什么情况呢？一开始，$X=\{s\}$ 且 $len(s)=0$，此时一切正常。但是，在主循环的第 1 次迭代中，这个算法计算边 (s,v) 和 (s,t) 的 Dijkstra 得分，其值分别是 $len(s)+\ell_{sv} = 0+1=1$ 和 $len(s)+\ell_{st} =0+(-2) = -2$。后者的得分更低，因此这个算法把顶点 t 添加到 X 中，并把 $len(t)$ 赋值为 -2。我们已经注意到，从 s 到 t 的实际最短路径（路径 $s\rightarrow v\rightarrow t$）的长度是 -4。因此，我们可以得出结论，如果图中某些边的长度为负值，Dijkstra 就无法计算正确的最短路径长度。

3.3.3 非负边长时的正确性

算法的正确性证明多少带有一点学究气。对于在直觉上强烈地认为是正确的算法，我常常会省略它们的正确性证明。Dijkstra 算法并不是这样。首先，它不适用于边的长度为负的图（即使是非常简单的图，如 3.3.1 节所述）的情况已经让我们心生疑虑。其次，Dijkstra 得分这个概念（见 3.1 节）看上去有点神秘甚至有点随意，它为什么非常重要呢？为了解决这些疑虑，并且由于它是一种非常重要的基本算法，因此我们需要花点时间仔细地证明它的正确性（在边的长度非负的图中）。

定理 3.1（Dijkstra 算法的正确性） 对于每个有向图 $G=(V,E)$、每个起始顶点 s 并且所有边长均为非负值，对于每个顶点 $v\in V$，Dijkstra 算法的结论 $len(v) = dist(s,v)$ 都成立。

归纳之旅

我们的计划是根据主循环的迭代数量进行归纳，逐个计算 Dijkstra 算法的最短路径长度的正确性。记住，根据数学归纳法所进行的证明采用了一个相对刻板的模板，它的目的是建立一个对于每个正整数 k 都成立的断言 $P(k)$。在定理 3.1 的证明中，我们把 $P(k)$定义为："在 Dijkstra 算法中，对于第 k 个添加到 X 中的顶点 v，存在 $len(v)=dist(s,v)$。"

与递归算法类似，通过数学归纳法所进行的证明分为一个基本条件和一个归纳步骤两个部分。基本条件直接证明了 $P(1)$是正确的。在归纳步骤中，我们假设 $P(1),\cdots,P(k-1)$都是正确的，这称为归纳假设。我们使用这个假设证明 $P(k)$也是正确的。如果基本条件和归纳步骤得到了证明，那么 $P(k)$对于每个正整数 k 肯定也是正确的。根据基本条件，$P(1)$是正确的。不断地应用归纳步骤显示了对于任意大的 k 值，$P(k)$都是正确的。

关于证明的阅读

数学论证根据前提条件推导出结论。在阅读证明的时候，总是要保证理解了论证中的每个前提条件的用法，并理解为什么缺少任何一个前提条件就会导致论证失败。

记住这一点之后，仔细观察定理 3.1 的证明中两个关键的前提条件所扮演的角色：边的长度是非负的以及算法总是会选择具有最低 Dijkstra 得分的边。在证明定理 3.1 时，如果不能支持这两个前提条件，那么证明过程必然是失败的。

定理 3.1 的证明

我们继续进行归纳，$P(k)$表示 Dijkstra 算法可以正确地计算添加到集合 X 的第 k 个顶点的最短路径的长度。对于基本条件（k=1），我们知道添加到 X 的第 1 个顶点是起始顶点 s。Dijkstra 算法把 0 赋值给 $len(s)$。由于每条边都具有非负的长度，

因此从 s 到它本身的最短路径是一条空路径，长度为 0。因此，$len(s)=0=dist(s,s)$，这就证明了 $P(1)$是成立的。

对于归纳步骤，选择 $k>1$ 并假设 $P(1),\cdots,P(k-1)$都是正确的，对于 Dijkstra 算法添加到 X 的前 $k-1$ 个顶点，$len(v)=dist(s,v)$。设 w^*表示添加到 X 的第 k 个顶点，并用(v^*,w^*)表示在对应的那次迭代中（此时 v^*必然已经在 X 中）所选择的边。算法把 $len(w^*)$赋值为这条边的 Dijkstra 得分，即 $len(v^*)+\ell_{v^*w^*}$。我们希望这个值与真正的最短路径长度 $dist(s,w^*)$相同，但事实确实如此吗？

我们分两个部分论证这个结论的正确性。首先，我们证明真正的长度 $dist(s,w^*)$只可能小于算法所推测的 $len(w^*)$，即 $dist(s,w^*)\leqslant len(w^*)$。由于当边$(v^*,w^*)$被选中时，$v^*$已经在 X 中，因此它是添加到 X 的前 $k-1$ 个顶点之一。根据归纳假设，Dijkstra 算法正确地计算了 v^*的最短路径长度：$len(v^*)=dist(s,v^*)$。具体地说，存在一条从 s 到 v^*的路径 P，它的长度正好是 $len(v^*)$。在 P 的末端添加边(v^*,w^*)就产生了一条从 s 到 w^*的路径 P^*，它的长度是 $len(v^*)+\ell_{v^*w^*}=len(w^*)$（图 3.5）。$s$–$w^*$路径的最短路径除了候选路径 P^*之外不会再有其他路径，因此 $dist(s,w^*)$不可能大于 $len(w^*)$。

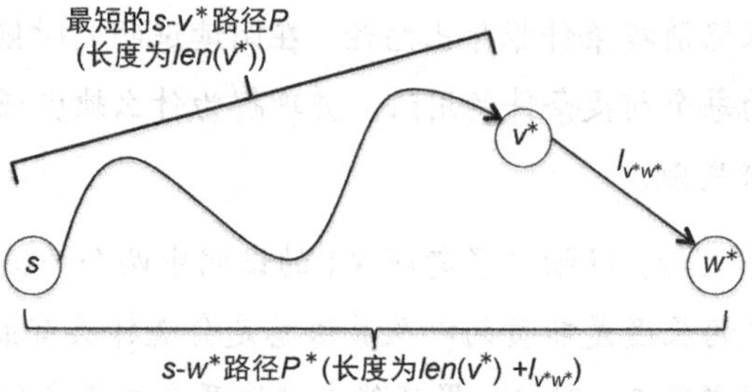

图 3.5 在 s–v^*最短路径的末尾添加边(v^*, w^*)，产生一条 s 到 w^*的最短路径 P^*，其长度为 $len(v^*)+\ell_{v^*w^*}$

现在，我们讨论反方向的不等式 $dist(s,w^*)\geqslant len(w^*)$（证明这一点之后就可以满足 $len(w^*)=dist(s,w^*)$）。换而言之，我们希望证明图 3.2 中的路径 P^*确实是 s–w^*的最短路径，每条与之竞争的 s–w^*路径的长度都不会小于 $len(w^*)$。

我们随意选择一条 s–w^*的竞争路径 P'。我们并不了解 P'。但是，我们知道它源于 s，终于 w^*。在迭代之初，s 属于集合 X 但 w^*不属于 X。由于它是从 X

中开始并在 X 之外结束，因此路径 P' 跨越了 X 和 $V\!-\!X$ 的边界 1 次（图 3.6）。设 (y, z) 表示跨越边界的 P' 的第 1 条边（$y \in X$ 且 $z \notin X$）。[①]

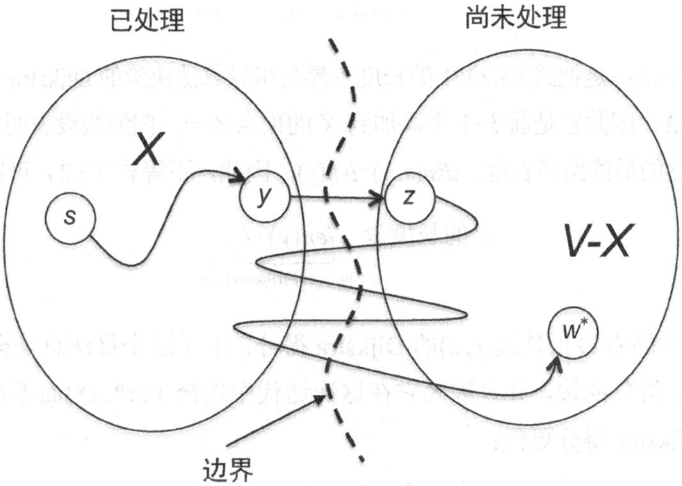

图 3.6　每条 s–w^* 路径从 X 跨越到 $V\!-\!X$ 至少 1 次

为了论证 P' 的长度不会小于 $len(w^*)$，我们独立地考虑它的 3 个片段：P' 从 s 到 y 的起始部分、边 (y, z) 以及从 z 到 w^* 的最终部分。起始部分不可能短于从 s 到 y 的最短路径，因此它的长度至少是 $dist(s, y)$。边 (y, z) 的长度是 ℓ_{yz}。我们对路径的最终部分并不十分了解，它掩藏在算法尚未观察的顶点之中。但是，我们知道所有边的长度都是非负的！也就是说，它的总长度至少是 0，如图 3.7 所示。

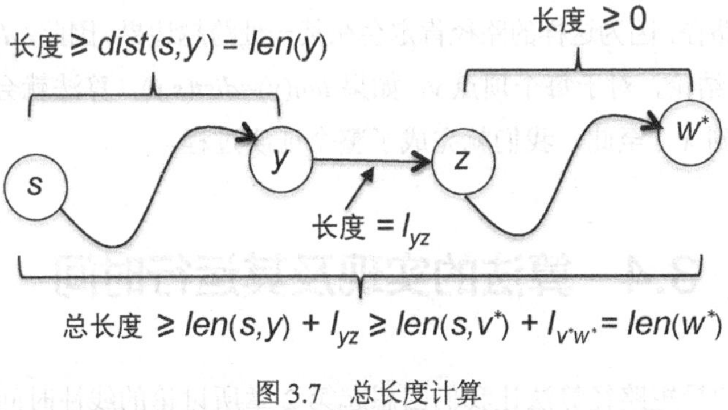

图 3.7　总长度计算

① 无须担心 $y = s$ 或 $z = w^*$，论证过程没有问题，我们可以对结果进行验证。

把这 3 个部分的长度下界相加，可以得出：

$$p'\text{的长度} \geqslant \underbrace{dist(s,y)}_{s-y\text{子路径}} + \underbrace{\ell_{yz}}_{\text{边}(y,z)} + \underbrace{0}_{z-w^*\text{子路径}} \tag{3.2}$$

最后一个任务是把式（3.2）中的长度下界与指导算法决策的 Dijkstra 得分进行关联。由于 $y \in X$，因此它是前 $k-1$ 个添加到 X 的顶点之一，归纳假设表明了该算法会正确地计算它的最终路径长度：$dist(s, y)=len(y)$。因此，不等式（3.2）可以转换为

$$p'\text{的长度} \geqslant \underbrace{len(y)+\ell_{yz}}_{\text{边}(y,z)\text{的Dijkstra得分}} \tag{3.3}$$

式（3.3）的右边正是边(y, z)的 Dijkstra 得分。由于这个算法总是会选择具有最低 Dijkstra 得分的边，并且因为它在这次迭代中选择了(v^*,w^*)而不是(y, z)，所以前者的 Dijkstra 得分更低：

$$len(v^*)+\ell_{v^*w^*} \leqslant len(y)+\ell_{yz}$$

$$p'\text{的长度} \geqslant \underbrace{len(v^*)+\ell_{v^*w^*}}_{\text{边}(v^*,w^*)\text{的Dijkstra得分}} = len(w^*)$$

这样，我们就完成了归纳步骤的第二部分，并得出结论：对于添加到集合 X 的每个顶点 v，存在 $len(v)=dist(s,v)$。

为了进行最终的验证，现在考虑一个从来没有被添加到 X 的顶点 v。当这个算法结束时，$len(v)=+\infty$并且没有任何边从 X 跨越到 $V-X$。这意味着输入图中不存在从 s 到 v 的路径，因为这样的路径肯定会在某一处跨越边界。因此，$dist(s,v)=+\infty$。我们可以得出结论，对于每个顶点 v，如果 $len(v)=dist(s,v)$，算法就会终止，不管 v 是否被添加到 X。至此，我们就完成了整个证明过程。

3.4 算法的实现及其运行时间

Dijkstra 的最短路径算法让我们回想起第 2 章所讨论的线性时间的图搜索算法。宽度优先和深度优先的搜索算法能够以线性时间运行（定理 2.1 和定理 2.4）

的关键原因是它们在决定下一步应该探索哪个顶点时只需要耗费常数级的时间（从队列或堆栈的头部移除一个顶点）。需要警惕的是，Dijkstra 算法的每次迭代必须在所有跨越边界的边中选择具有最低 Dijkstra 得分的边。我们仍然能在线性时间内实现该算法吗？

小测验 3.2

下面哪个运行时间最好地描述了应用于邻接列表表示形式的图的Dijkstra算法的简单实现？与往常一样，n 和 m 分别表示输入图的顶点数和边数。

（a）$O(m+n)$

（b）$O(m \log n)$

（c）$O(n^2)$

（d）$O(mn)$

（正确答案和详细解释如下。）

正确答案：（d）。Dijkstra 算法的简单实现通过把一个布尔变量与每个顶点相关联来记录哪些顶点在 X 中。在每次迭代中，它对所有的边执行一次穷尽式的搜索，计算每条尾顶点在 X 中且头顶点在 X 之外的边的 Dijkstra 得分（每条边需要常数级的时间），并返回具有最低得分值的那条跨越边界的边（或确认不存在跨越边界的边）。在经过最多 $n-1$ 次迭代之后，Dijkstra 算法已经把所有需要添加的新顶点添加到集合 X 中。由于迭代的数量是 $O(n)$并且每次迭代需要 $O(m)$的时间，因此整体运行时间是 $O(mn)$。

命题 3.1（Dijkstra 的运行时间（简单实现）） 对于有向图 $G=(V, E)$、起始顶点 s 并且每条边的长度均为非负值，Dijkstra 算法的简单实现的运行时间为 $O(mn)$，其中 $m=|E|$、$n=|V|$。

虽然这种简单实现的运行时间还不错，但不够优秀。如果顶点的数量只有几百或者一两千，它的效率还算不错。但是，对于那些极为庞大的图，这种实现的效率就不能尽如人意。我们能不能做得更好？算法设计的理想效果就是实现线性时间的算法（或近似于它），我们希望单源最短路径问题也能够实现这样的目标。这样的算法在一台家用笔记本计算机上就可以处理具有数百万个顶点的图。

我们并不需要一种更好的算法来实现该问题近似线性时间的解决方案，我们只需要 Dijkstra 算法的一种更好实现。在宽度优先和深度优先的搜索的线性时间实现中，数据结构（队列和堆栈）扮演了一个关键的角色。类似地，Dijkstra 算法也可以在正确的数据结构的帮助下，在它的主循环中实现反复的最小值计算，从而实现近似线性的运行时间。这种数据结构称为堆，它是第 4 章的主题。

3.5 本章要点

- 在单源最短路径问题中，问题的输入由一个图、一个起始顶点和每条边的长度所组成。它的目标是计算从起始顶点到其他每个顶点的最短路径的长度。
- Dijkstra 算法逐个处理顶点，它总是在尚未处理的顶点中选择看上去最靠近起始顶点的那个顶点。
- 通过数学归纳法可以证明 Dijkstra 算法能够正确地解决当输入图的边长都为非负值时的单源最短路径问题。
- 当输入图中有些边的长度为负值时，Dijkstra 算法就无法正确地解决单源最短路径问题。
- Dijkstra 算法的简单实现的运行时间是 $O(mn)$，其中 m 和 n 分别表示输入图的边数和顶点数。

3.6 章末习题

问题 3.1 考虑一个有向图 G，它的每条边的长度各不相同并且均为非负值。假设 s 是起始顶点，t 是目标顶点，并假设 G 中至少存在 1 条 s–t 路径。下面哪些说法是正确的？（选择所有正确的答案。）

（a）最短（即长度最小）的 s–t 路径可能多达 $n-1$ 条边，其中 n 是顶点的数量。

（b）最短的 s–t 路径中不存在重复的顶点（即没有循环）。

（c）最短的 s–t 路径必定包含 G 中长度最短的边。

（d）最短的 s–t 路径必定排除了 G 中长度最长的边。

问题 3.2 考虑一个有向图 G，它有一个起始顶点 s 和一个目标顶点 t，并且所有边的长度均为非负值。在下面哪个条件下，可以保证最短的 s–t 路径是唯一的？

（a）所有边的长度都是各不相同的正整数。

（b）所有边的长度都是 2 的不同平方数。

（c）所有边的长度都是各不相同的正整数并且图 G 不包含有向环。

（d）以上答案都不正确。

问题 3.3 考虑一个边长均为非负值的有向图 G 以及两个不同的顶点 s 和 t。设 P 表示从 s 到 t 的一条最短路径。如果把图中每条边的长度都加上 100，那么:（选择所有正确的答案。）

（a）P 肯定仍然是最短的 s–t 路径。

（b）P 肯定不再是最短的 s–t 路径。

（c）P 可能是也可能不再是最短的 s–t 路径（取决于具体的图）。

（d）如果 P 只包含一条边，那么它肯定仍然是最短的 s–t 路径。

问题 3.4 考虑一个有向图 G 以及它的一个起始顶点 s。这个图具有下面的属性：没有任何边的终点是起始顶点 s、从 s 出发的边具有任意的长度（可能是负值）、所有其他的边具有非负的长度。在这种情况下，Dijkstra 算法能否正确地解决单源最短路径问题？（选择所有正确的答案。）

（a）是的，对于所有这样的输入都是成立的。

（b）不会，不存在这样的输入。

（c）可能行，也可能不行（取决于 G 的特定选择以及边的长度）。

（d）只有当添加一个前提条件，也就是 G 不包含总长度为负值的有向环时，才会成立。

问题 3.5 考虑一个有向图 G 以及一个起始顶点 s。假设 G 有一些长度为负的边但没有负值的环，意思是 G 并不包含边的总长为负数的有向环。假设对这个输入图运行 Dijkstra 算法，下面的说法哪些是正确的？（选择所有正确的答案。）

（a）Dijkstra 的算法可能会陷入无限循环。

（b）无法在某些边的长度为负值的图上运行 Dijkstra 算法。

（c）Dijkstra 算法总是会终止，但在有些情况下它所计算的最短路径长度并不都是正确的。

（d）Dijkstra 算法总是会终止，但在有些情况下它所计算的最短路径长度总是正确的。

问题 3.6 继续上面的问题，假设输入图 G 包含了一个总长度为负值的有向环，同时存在一条从起始顶点 s 到这个环的路径。假设在这个输入图上运行 Dijkstra 算法，下面哪些说法是正确的？（选择所有正确的答案。）

（a）Dijkstra 算法可能会陷入无限循环。

（b）无法在包含总长度为负值的有向环的图上运行 Dijkstra 算法。

（c）Dijkstra 算法总是会终止，但在有些情况下它所计算的最短路径长度并不都是正确的。

（d）Dijkstra 算法总是会终止，但在有些情况下它所计算的最短路径长度总是正确的。

挑战题

问题 3.7 考虑一个各边长度均为非负值的有向图 $G=(V,G)$和起始顶点 s。把路径的瓶颈定义为它的最大长度边（而不是边的长度之和）。怎样修改 Dijkstra 算法，来计算每个顶点 $v\in V$ 的任何 s–v 路径的最小瓶颈。这个算法的运行时间应该是 $O(mn)$，其中 m 和 n 分别表示边数和顶点数。

编程题

问题 3.8 用自己比较喜欢的编程语言实现 3.2 节中的 Dijkstra 算法，并用它解决不同有向图的单源最短路径问题。通过本章中的简单实现，您可以在 5 分钟或更短时间内解决多么复杂问题呢？（关于测试例和挑战数据集，参见 www.algorithmsilluminated.org。）

第4章 堆数据结构

本书剩余的3章分别讨论3种极为重要并且广泛使用的数据结构：堆、搜索树和散列表。我们的目标是了解这些数据结构所支持的操作（以及它们的运行时间），并通过应用实例培养读者识别不同的数据结构适用于哪种类型问题的能力。另外，我们还可以对它们的幕后实现方式有所了解。[①]我们首先讨论堆，这种数据结构可以帮助我们实现最小值或最大值的快速计算。

4.1 数据结构概述

4.1.1 选择正确的数据结构

软件的主要部分经常会用到数据结构。因此，对于严谨的程序员而言，知道在什么时候以及怎样使用数据结构是一项重要的基本技巧。数据结构的存在意义是它可以对数据进行组织，使我们可以快速、实用地访问数据。我们已经看到了数据结构的一些例子。2.2节介绍的用于实现线性时间的宽度优先的搜索的队列数据结构采用了线性形式组织数据，可以实现在常数级时间内从队列的头部删

① 有些程序员把数据结构这个词保留用来表示具体的实现，把它所支持的操作列表称为抽象数据类型。

除对象或者在队列的尾部添加对象。2.4 节介绍了在深度优先的搜索的迭代性实现中起到重要作用的堆栈数据结构，它允许我们在常数级时间内在堆栈的头部添加或删除对象。

我们可以使用的数据结构还有很多。在本系列图书中，我们将看到堆、二叉搜索树、散列表、布隆过滤器以及并查集（union-find，详见本系列图书的卷 3）。为什么要描述这几个看上去颇为复杂的例子呢？因为不同的数据结构支持不同的操作集合，所以它们适用于不同类型的编程任务。例如，宽度优先的搜索和深度优先的搜索具有不同的需求，分别由两种不同的数据结构满足。Dijkstra 最短路径算法的快速实现（见 4.4 节）还有一些不同的需求，需要使用更为复杂的堆数据结构。

不同的数据结构的利弊是什么？我们应该怎样在程序中选择具体的数据结构呢？一般而言，一种数据结构所支持的操作越多，这些操作的速度也就越慢，它们所需要的空间开销也就越大。爱因斯坦的这句名言恰如其分地说明了这一点："尽可能让事情变得简单，但不能过于简单。"

在实现一个程序时，重要的是认真考虑它需要频繁执行的操作。例如，我们是不是只关心一些对象是否存储在一个数据结构中？或者还需要以一种特殊的方式对它们进行排序？一旦理解了程序的需要，我们就可以遵循精简原则，选择一种支持所有必要的操作同时又没有太多不必要操作的数据结构。

精简原则

选择能够支持应用程序所需要的所有操作的最简单数据结构。

4.1.2 进入更高层次

我们对数据结构的理解达到了什么层次？我们需要达到的层次是什么？

第 0 层次："数据结构是什么？"

第 0 层次是指对数据结构一无所知。我们从来没有听说过数据结构，从来没有注意到对数据进行合理的组织能够大幅度提升程序的运行效率。

第 1 层次：“我听说过散列表，虽然不太明白，但感觉它很强大。”

第 1 层次是鸡尾酒会①水平的认识度。在达到这个层次后，我们至少讨论过基本的数据结构。我们听说过一些像搜索树和散列表这样的基本数据结构，或许还注意到它们所支持的一些操作。但是，在程序中使用它们或者在技术面试中熟练分析它们仍然非常困难。

第 2 层次：“这个问题看来需要用堆才能搞定。”

在进入第 2 层次后，我们开始进入状态。我们已经熟练地掌握了数据结构的基础知识，可以在程序中熟练地使用各种数据结构，并能够对哪种类型的数据结构适用于哪种类型的编程任务做出准确的判断。

第 3 层次：“我只用自己手工定制的数据结构。”

第 3 层次是最高级的层次，适合专家级程序员和计算机科学家，他们已经不满足仅仅以客户的身份使用现有的数据结构的实现。在进入这个层次之后，我们对基本数据结构的所有细节了如指掌，对它们的实现方式也非常熟悉。

最大的提升空间就是提升到第 2 层次。大多数程序员总会在某个时刻需要以客户的身份使用基本的数据结构，如堆、搜索树和散列表。本系列图书卷 1 第 4 章至卷 2 第 6 章的主要目标是帮助读者把数据结构的理解能力提升到这个层次，并把注意力集中在它们所支持的操作以及它们的标准应用上。大多数现代编程语言的标准库提供了这些数据结构，我们可以在程序中便捷地使用它们。

高级程序员有时候需要从头实现某种数据结构的自定义版本。第 4～12 章都包含一个关于这些数据结构的典型实现的小节。这些小节适合那些希望把自己对数据结构的理解提升到第 3 层次的读者。

4.2 堆所支持的操作

堆这种数据结构能够追踪一个不断变化的含键对象的集合，可以快速识别具

① 这里所说的鸡尾酒会指的是那种足够书呆子气的酒会。

有最小键值的对象。[①]例如，堆中的对象可能对应于员工记录，键等于员工的身份证号码。堆中的对象也可能是一个图中的边，键对应于边的长度。或者，堆中的对象也可能对应于未来的事件调度，每个键表示该事件将发生的时间。[②]

4.2.1 Insert 和 ExtractMin

对于数据结构而言，最重要的就是它们所支持的操作以及每种操作所需要的运行时间。堆支持的两个最重要的操作是 Insert（插入）和 ExtractMin（提取最小值）。[③]

堆：基本操作

Insert：对于一个堆 H 和一个新对象 x，把 x 添加到 H 中。

ExtractMin：对于一个堆 H，从 H 中删除并返回具有最小键值的对象（或指向这个对象的指针）。

例如，如果我们 4 次调用 Insert，把键值为 12、7、29 和 15 的对象添加到一个空堆中，ExtractMin 操作将返回键值为 7 的那个对象。键并不一定是各不相同的。如果堆中不止一个对象具有同一个最小键值，那么 ExtractMin 将返回这些对象中的任意一个。

如果只支持 Insert 操作，那么实现方法是非常容易的，只要反复把新对象添加到数组或链表的尾部就可以（在常数级时间内）。关键在于 ExtractMin 需要对所有对象进行一次线性时间的穷举搜索。如果只需要支持 ExtractMin，那么实现方法也是非常明确的，只要在一开始把包含 n 个对象的初始集合按键值以从小到大的顺序进行一次排序（需要 $O(n \log n)$的预处理时间），然后对 ExtractMin 的所有后续调用就是从这个有序列表的头部提取一个对象（每次只需要常数级的时间）。现在的问题在于 Insert 的任何简单实现都需要线性时间（很容易进行验证）。这个问题的解决方案是设计一种数据结构，能够让这两种操作都快速执行，这也是堆的存在意义。

① 不要与内存中的堆混淆，内存中的堆是程序为动态分配所保留的内存区域。

② 键一般是数值，但也可以是任何完全有序的集合，关键在于每一对不同的键都可以区分大小。

③ 支持这两个操作的数据结构又称优先队列。

堆的标准实现（类似 4.5 节所设计的）提供了下面的保证。

定理 4.1（堆的基本操作的运行时间） 在一个包含 n 个对象的堆中，Insert 和 ExtractMin 操作的运行时间是 $O(\log n)$。

作为额外的奖励，在堆的典型实现中，大 O 表示法所隐藏的常量因子是非常小的，并且它几乎不需要任何额外的空间。

堆还有一种支持在 $O(\log n)$时间内执行 Insert 和 ExtractMax 操作的变型，其中 n 表示堆中对象的数量。实现这种变型的一种方法是在 4.5 节的实现中切换所有不等号的方向。另一种方法是使用标准的堆，但是在插入对象之前把它的值取反（这样就有效地把 ExtractMin 转换为 ExtractMax）。堆的任何变型都不支持同时在 $O(\log n)$时间内实现 ExtractMin 和 ExtractMax 操作，我们必须在两个之间选择一个。[①]

4.2.2 其他操作

堆还支持其他一些相对不太重要的操作。

堆：其他操作

FindMin：对于一个堆 H，返回具有最小键值的对象（或一个指向它的指针）。

Heapify：根据对象 x_1，…，x_n，创建一个包含这些对象的堆。

Delete：对于一个堆 H 和一个指向堆中一个对象 x 的指针，从 H 中删除 x。

我们可以调用 ExtractMin，然后用 Insert 插入它的返回结果来模拟 FindMin 操作，这个操作序列的运行时间是 $O(\log n)$（根据定理 4.1），但是典型的堆实现可以避免这种迂回的解决方案，堆实现支持直接在 $O(1)$时间内完成 FindMin 操作。我们可以通过把 n 个对象逐个插入到一个空堆中来实现 Heapify（根据定理 4.1，总运行时间为 $O(n \log n)$），但是有一种更取巧的方法可以一次性地把 n 个对象插入到一个空堆中，并且总运行时间为 $O(n)$。最后，堆还可以支持

① 如果同时需要这两个操作，那么可以每种类型的堆各使用一个（参见 4.3.3 节），或者升级为平衡二叉搜索树（参见第 5 章）。

在 $O(\log\ n)$时间内实现任意对象的删除，而不仅仅是删除具有最小键值的对象（参见本章章末习题的编程题中的问题 4.8）。

定理 4.2（堆的其他操作的运行时间） 在一个包含 n 个对象的堆中，FindMin、Heapify 和 Delete 操作的运行时间分别是 $O(1)$、$O(n)$和 $O(\log n)$。

表 4.1 是堆的各种操作的最终成绩表。

表 4.1 堆所支持的操作以及它们的运行时间

操作	运行时间
Insert	$O(\log n)$
ExtractMin	$O(\log n)$
FindMin	$O(1)$
Heapify	$O(n)$
Delete	$O(\log n)$

注：n 表示堆中存储的对象数量。

什么时候使用堆

如果应用程序需要对一个动态变化的对象集合进行快速的最小值（或最大值）计算，那么堆往往就是适用的数据结构。

4.3 堆的应用

接下来我们将观察一些应用实例，感受堆适用于哪些场合。这些应用的共同主题是最小值计算的替换，把使用穷举搜索（线性时间）的原始实现替换为堆的一些 ExtractMin 操作序列（对数时间）。当我们看到一种算法或一个程序需要大量的穷举式最小值或最大值计算时，应该立即产生这样的想法：此处适合使用堆！

4.3.1 应用：排序

在第一项应用中，我们回到所有计算问题的根源：排序。

问题：排序

输入： 一个包含 n 个以任意顺序出现的数的数组。

输出： 一个数组，它所包含的数与输入数组相同，但这些数已经从小到大排序。

例如，假设输入数组是：

5	4	1	8	7	2	6	3

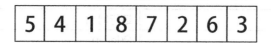

我们希望得到的输出数组是：

1	2	3	4	5	6	7	8

最简单的排序算法也许是SelectionSort。这种算法对输入数组执行线性时间的搜索，找到最小元素并把它与数组的第1个元素进行交换，然后对剩余的 $n-1$ 个元素执行第2遍扫描，找到原数组中第2小的元素并把它与第2个元素进行交换，以此类推。每次扫描所需要的时间与剩余元素的数量成正比，因此它的整体运行时间是 $\Theta(\sum_{i=1}^{n} i) = \Theta(n^2)$。①由于SelectionSort的每次迭代采用穷举法计算最小元素，因此它适合使用堆！思路非常简单：把输入数组中的所有元素插入到一个堆，然后连续执行提取最小元素的操作生成输出数组。第1次提取堆中的最小元素，第2次提取堆中剩余元素中最小的那个（所有元素中第2小的），以此类推。

HeapSort

输入： 包含 n 个不同整数的数组 A。

输出： 包含同一些整数的数组 B，这些整数已经从小到大排序。

---

① $\sum_{i=1}^{n} i$ 的求和结果最大是 n^2（具有 n 个元素，每个最大为 n），最小是 $n^2/4$（具有 $n/2$ 个元素，每个至少为 $n/2$）。

```
H := 空堆
for i = 1 to n do
    把 A[i]插入到 H
for i = 1 to n do
    B[i] := 对 H 执行 ExtractMin 操作
```

小测验 4.1

HeapSort 的运行时间是多少？用输入数组长度 n 的函数表示。

（a）$O(n)$

（b）$O(n \log n)$

（c）$O(n^2)$

（d）$O(n^2 \log n)$

（正确答案和详细解释如下。）

正确答案：（b）。HeapSort 完成的工作可以归结为在一个最多包含 n 个对象的堆上执行 $2n$ 个操作。[①]由于定理 4.1 保证了每个堆操作需要 $O(\log n)$的时间，因此它的整体运行时间是 $O(n \log n)$。

定理 4.3（HeapSort 的运行时间） 对于每个长度 $n \geq 1$ 的输入数组，HeapSort 的运行时间是 $O(n \log n)$。

让我们回过头来看一下刚刚发生的事情。我们以一种可能是最缺乏想象力的排序算法（平方级运行时间的 SelectionSort）作为起点。我们认识到它所采取的是反复计算最小值的模式，并在一个堆数据结构中执行交换，然后神奇地诞生了一种运行时间为 $O(n \log n)$的排序算法。[②]对于排序算法而言，这是非常优秀的运行时间。与其他基于比较的排序算法相比，它在常数因子方面也是非常

① 一种更好的实现是把第一个循环替换为单个 Heapify 操作，它的运行时间为 $O(n)$。但是，第二个循环仍然需要 $O(n \log n)$的运行时间。

② 清晰起见，我们在描述 HeapSort 时使用了独立的输入数组和输出数组，但它也可以实现原地排序，几乎不需要额外的内存，这种原地实现是一种超级实用的算法，在大多数应用中几乎可以达到与 QuickSort 相同的速度。

优秀的。[①]这个过程的一个副效应，就是证明了我们无法采用基于比较的方式以优于对数的运行时间同时实现 Insert 和 ExtractMin 操作：如果存在这样的解决方案，将产生优于 $O(n \log n)$时间的基于比较的排序算法，但我们知道这是不可能的。

4.3.2 应用：事件管理器

虽然我们讨论的第二个应用有些简单，但它非常经典而且极为实用。想象一下，我们的任务是编写一个软件来实现对现实世界的模拟。例如，我们可能正在开发一个篮球视频游戏。为了实现这种模拟，我们必须记录不同的事件以及它们应该在什么时候发生——这样的事件包括一名玩家在某个特定角度下以某个速率投篮、篮球因此击中篮圈外侧、两名玩家同时争抢篮板球以及其中一名玩家对另一名玩家实施了推人犯规等。

模拟程序必须反复地确认接下来会发生什么。这可以归结为对已调度的事件的时间集合反复执行取最小值的操作，因此我们立刻就会想到：这个问题应该使用堆！如果事件存储在一个堆中，它们的键等于其调度时间，则 ExtractMin 操作可以在对数时间内切换到将要处理的下一个事件。当新事件发生时，可以把它们插入到堆中（同样在对数时间内）。

4.3.3 应用：中位值维护

堆的下一个应用不是显而易见的，它就是中位值维护问题。在我们面前有一个依次出现的数字序列。简单起见，假设它们是各不相同的。在每次接收一个新数字时，我们要负责用到目前为止所有数字的中位元素作为回应。[②]因此，在看

---

① 在本系列图书卷 1 的 5.6 节中，我们讨论了基于比较的排序算法只是通过成对元素之间的比较来访问输入数组，绝不会直接访问一个元素的值。“通用目的”的排序算法对需要排序的元素并没有预设前提条件，就是属于基于比较的算法。这方面的例子包括 SelectionSort、InsertionSort、HeapSort 和 QuickSort。不属于基于比较的排序例子包括 BucketSort、CountingSort 和 RadixSort。本系列图书卷 1 的定理 5.5 明确表示没有一种基于比较的排序算法的最坏情况渐进性运行时间能够优于 $\Theta(n \log n)$。

② 记住，一个数字集合的中位元素是指它的“中间元素”。在一个长度为奇数 $2k-1$ 的数组中，中位元素是第 k 个统计顺序（即第 k 小的元素）。在长度为偶数 $2k$ 的数组中，统计顺序 k 和 $k+1$ 都可以认为是中位元素。

到前 11 个数字之后，我们应该用目前第 6 小的数字作出回应。在 12 个数字之后，用第 6 小或第 7 小的数字回应。在第 13 个数字之后，用第 7 小的数字回应。接下来的以此类推。

这个问题的一种解决方法有点用力过猛，因为它在每次迭代时从头开始计算中位元素。我们在本系列图书卷 1 的第 6 章看到过如何在 $O(n)$的时间内计算一个长度为 n 的数组的中位元素，因此这种解决方案的每个回合 i 需要 $O(i)$的时间。另外，我们也可以在一个有序数组中保存到目前为止的元素，这样就可以在常数时间内计算出中位元素。这种方法的缺点是在接收一个新数字时对排序数组进行更新需要线性时间。我们能不能做得更好？使用堆，我们可以在每个回合以对数时间解决中位值维护问题。现在，我建议读者把书放下，花几分钟时间思考怎样用堆解决这个问题。

关键的思路是维护 H_1 和 H_2 两个堆并满足两个不变性。[①]第一个不变性是 H_1 和 H_2 是平衡的，意思是两个堆所包含的元素数量相同（如果元素总数为偶数）或其中一个堆的元素数量比另一个堆只多 1 个（如果元素总数为奇数）。第二个不变性是 H_1 和 H_2 是有序的，意思是 H_1 中的每个元素都小于 H_2 中的每个元素。例如，如果到目前为止的数字是 1、2、3、4 和 5，则 H_1 存储 1 和 2，H_2 存储 4 和 5，中位元素 3 可以存储在任何一边，作为 H_1 的最大元素或者作为 H_2 的最小元素。如果到目前为止所看到的是 1、2、3、4、5 和 6，则前 3 个数字存储在 H_1 中，后 3 个数字存储在 H_2 中。H_1 的最大元素和 H_2 的最小元素都是中位元素。一种变化是：H_2 是标准的堆，支持 Insert 和 ExtractMin 操作，而 H_1 是 4.2.1 节所描述的“最大值”变型，支持 Insert 和 ExtractMax 操作。按照这种方式，我们可以用一个堆操作提取中位元素，不管它是在 H_1 中还是在 H_2 中。

我们仍然必须解释每次接收一个新元素时如何更新 H_1 和 H_2，使它们保持平衡且有序。为了确定应该在什么位置插入一个新元素 x，使两个堆仍然保持有序，只要计算出 H_1 中的最大元素 y 和 H_2 中的最小元素 z 就足够了。[②]如果 x 小于 y，

---

① 算法的不变性是它的一个属性在它的某个指定的执行点总是正确的（例如在每次循环迭代的末尾）。

② 这个操作可以通过提取并重新插入这两个元素在对数时间内完成。一种更好的解决方案是使用 FindMin 和 FindMax 操作，它们的运行时间是常数级（参见 4.2.2 节）。

则插入到 H_1；如果它大于 z，则插入到 H_2；如果它位于两者之间，可以插入到任意一个堆中。在 x 被插入之后，H_1 和 H_2 是不是仍然保持平衡呢？

是的，但是有一个例外情况：当元素总数为 $2k$ 时，如果 x 被插入到那个更大的堆（有 k 个元素），这个堆将包含 $k+1$ 个元素，而另一个堆所包含的元素只有 $k-1$ 个（图 4.1(a)）。但是这种不平衡很容易得到纠正：提取 H_1 的最大值或 H_2 的最小值（取决于哪个堆包含更多的元素），并把这个元素重新插入到另一个堆（图 4.1(b)）。现在，这两个堆仍然保持有序（可以验证）并且已经恢复平衡。这个解决方案在每个回合使用了常数级的堆操作，第 i 回合的运行时间是 $O(\log i)$。

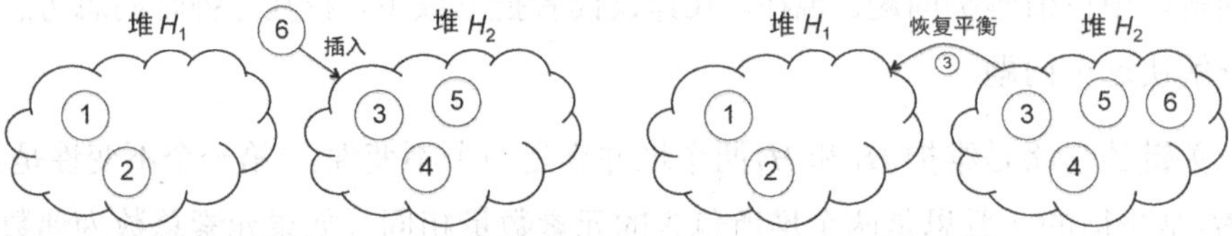

(a) 插入可能导致堆 H_1 和堆 H_2 的不平衡　　(b) 恢复平衡

图 4.1　当插入一个新元素导致堆 H_2 比 H_1 多出两个元素时，H_2 中的最小元素就会被提取并重新插入到 H_1 以恢复平衡

4.4 Dijkstra 算法的提速

堆的最后一个也是最高级的应用是单源最短路径问题的 Dijkstra 算法（第 3 章）的近似线性时间的实现。这个应用非常生动地体现了算法设计与数据结构设计之间的互动。

4.4.1 为什么要使用堆

我们在命题 3.1 中看到了 Dijkstra 算法的简单实现需要 $O(mn)$的运行时间，其中 m 表示边的数量，n 表示顶点的数量。如果只是处理中等规模的图（有数以千计的顶点和边），那么这个速度已经足够，但对于巨型的图，还是有点力不从心。我们能不能做得更好？堆能够实现具有令人惊讶的高速度，也就是近似线性时间的 Dijkstra 算法。

定理 4.4（Dijkstra 算法（基于堆）的运行时间） 对于有向图 $G=(V,E)$，起始顶点 s 以及所有边的长度均为非负值，Dijkstra 算法基于堆的实现的运行时间是 $O((m+n)\log n)$，其中 $m=|E|$，$n=|V|$。

虽然 $O((m+n)\log n)$不如线性时间的搜索算法那么快速，但仍然是表现非常出色的运行时间，可以与更为出色的排序算法相提并论，基本上可以被认定为是零代价的基本算法。

让我们回忆一下 Dijkstra 算法的工作方式（3.2 节）。这个算法维护一个顶点子集 $X\subseteq V$，其中的顶点是它已经计算过最短路径长度的。在每次迭代中，它识别穿越边界的边中具有最低 Dijkstra 得分的边。边(v,w)的 Dijkstra 得分是指（已经计算的）从起始顶点到 v 的最短路径长度 $len(v)$加上这条边的长度 ℓ_{vw}。换句话说，主循环的每次迭代对所有跨越边界的边进行一次最小值计算。Dijkstra 算法的简单实现使用穷举搜索完成这个最小值计算。把最小值计算的速度从线性时间提升为对数时间是堆的存在理由，这时我们的大脑里就会产生这样的想法：Dijkstra 算法需要用到堆！

4.4.2 计划

我们应该在堆里存储什么？它们的键应该是什么？我们首先想到的是可以把输入图中的边存储在堆中，然后将目标定为把简单实现中的最小值计算（针对边）替换为 ExtractMin 调用。

这种思路是可行的，但是一种更取巧和快速的实现是把顶点存储在堆中。这可能会让人觉得奇怪，因为 Dijkstra 得分是根据边而不是顶点来定义的。但换个思路，我们之所以关注 Dijkstra 得分，是因为它可以指示我们接下来处理哪个顶点。我们能不能通过堆走个捷径，直接计算这个顶点呢？

具体的计划是把尚未处理的顶点（Dijkstra 伪码中的 $V-X$）存储在一个堆中，同时维护下面提到的不变性。

不变性

顶点 $w\in V-X$ 的键是一条尾顶点为 $v\in X$ 且头顶点为 w 的边的最低 Dijkstra 得分（如果不存在这样的边，则是 $+\infty$）。

也就是说，我们需要下面的等式

$$key(w)=\min_{(v,w)\in E:v\in X}\underbrace{len(v)+\ell_{vw}}_{\text{Dijkstra 得分}} \tag{4.1}$$

式（4.1）对于每个 $w\in V-X$ 在所有时候都是成立的，其中 $len(v)$ 表示在算法的一次早期迭代中所计算的 v 的最短路径的长度（图 4.2）。

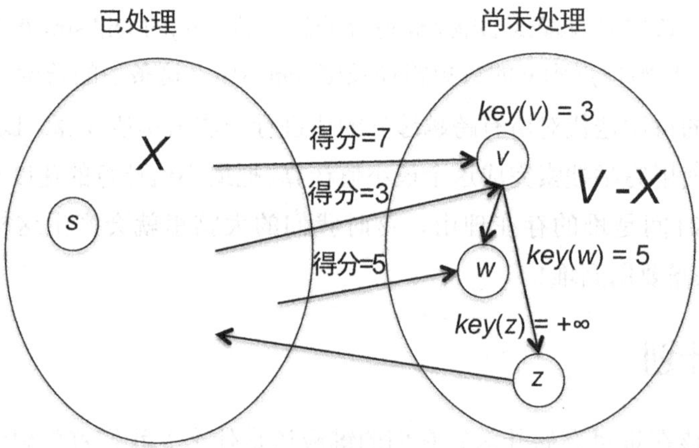

图 4.2　顶点 $w\in V-X$ 的键被定义为头顶点为 w 且尾顶点在 X 中的边的最低 Dijkstra 得分

这是怎么回事呢？想象一下，我们正在使用两轮淘汰赛确定具有最低 Dijkstra 得分的边 (v,w)，其中 $v\in X$，$w\notin X$。第一轮是在每个顶点 $w\in V-X$ 之间进行的本地锦标赛，参与者是边 (v,w)，其中 $v\in X$ 且 w 是边的头顶点。第一轮的胜者就是最低 Dijkstra 得分竞赛的参与者（如果存在）。第一轮的胜者（每个顶点 $w\in V-X$ 最多有 1 个胜者）继续进行第二轮的比赛，最终的冠军就是第一轮胜者中具有最低 Dijkstra 得分的那个。这条冠军边与穷举搜索所确认的边是同一条。

顶点 $w\in V-X$ 的键值（式（4.1））就是 w 的本地锦标赛中的最低 Dijkstra 得分，因此，我们的不变性有效地实现了所有的第一轮竞赛。提取具有最小键值的顶点，然后开展第二轮锦标赛，闪闪发光的奖杯的持有者正是下一个需要处理的顶点，也就是跨越边界的边中具有最低 Dijkstra 得分的那条边的头顶点。关键在于，只要我们维持这个不变性，就可以用一个堆操作实现 Dijkstra 算法的每次迭代。

它的伪码如下：①

Dijkstra（基于堆的算法，第 1 部分）

输入：用邻接列表表示的有向图 $G=(V, E)$，顶点 $s\in V$，对于每个 $e\in E$，其长度 $\ell_e\geqslant 0$。

完成状态：对于每个顶点 v，$len(v)$的值等于真正的最短路径长度 $dist(s,v)$。

```
// 初始化
X := 空集合, H := 空堆
key(s) := 0
for every v ≠ s do
  key(v) := +∞
for every v ∈ V do
    把 v 插入到 H // 或使用 Heapify
// 主循环
while H 非空 do
    w* := ExtractMin(H)
    把 w*加到 X
    len(w*) := key(w*)
    // 对堆进行更新以维持不变性
    (待宣布)
```

但是，为了维持这个不变性，需要多大的工作量呢？

4.4.3 维持不变性

现在是付出“代价”的时候了。我们享受了这个不变性的成果，它把 Dijkstra

① 把已处理顶点的集合 X 初始化为空集而不是起始顶点，能够使伪码更为清晰（比较 3.2.1 节）。主循环的第 1 次迭代保证提取的是起始顶点（明白为什么吗？），它也是随后添加到 X 的第一个顶点。

算法所需要的每个最小计算减少为一个堆操作。作为交换，我们必须解释怎样在不付出过多工作量的前提下维持这个不变性。

算法的每次迭代把一个顶点 x 从 $V-X$ 移动到 X，从而改变了它们之间的边界（图 4.3）。从 X 的某个顶点出发到 v 的边现在完全处于 X 的内部，不再跨越边界。更成问题的是，从 v 到 $V-X$ 的其他顶点的边不再完全处于 $V-X$ 内部，而是从 X 跨越到 $V-X$。为什么这会成为问题呢？因为我们的不变性式（4.1）表示，对于每个顶点 $w \in V-X$，w 的键等于一条终点在 w 的跨越边的最小 Dijkstra 得分。新的跨越边意味着出现了最小 Dijkstra 得分的新候选者，因此对于有些顶点 w，式（4.1）的右边可能会变小。例如，当满足$(v,w) \in E$ 的顶点 v 第一次处于 X 的内部时，这个表达式就从$+\infty$缩减为一个确定的数字了（即 $len(v)+\ell_{vw}$）。

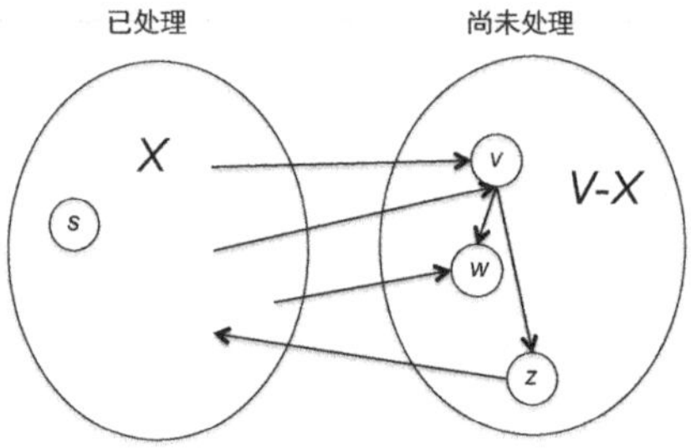

(a) 之前

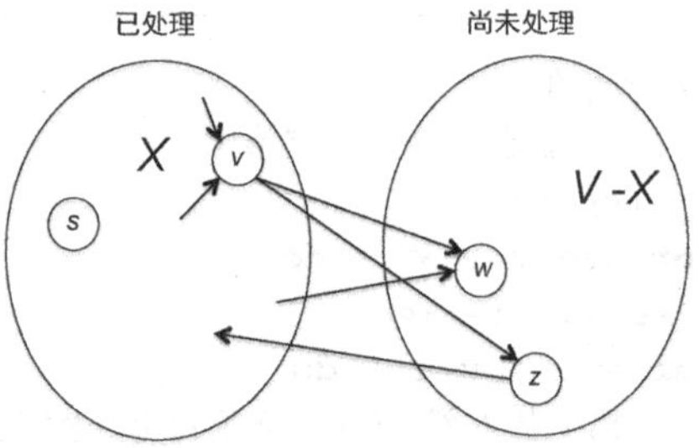

(b) 之后

图 4.3 当一个新顶点 v 从 $V-X$ 移动到 X 时，从 v 出发的边可能成为跨越边界的边

每次当我们从堆中提取一个顶点 w^* 并把它从 $V-X$ 移动到 X 时，可能需要减小仍然位于 $V-X$ 中的一些顶点的键值，以反映新的跨越边。由于所有的新跨越边都是从 w^* 出发的，因此我们只需要对以 w^* 为起点的边进行迭代，检查边(w^*, y)的顶点 $y \in V-X$。对于每个这样的顶点 y，在 y 的本地锦标赛中，第一轮胜者有两个候选：要么与此前相同，要么就是新的参赛选手(w^*, y)。因此，y 的新键值要么是它的旧值，要么是新的跨越边的 Dijkstra 得分 $len(w^*)+\ell_{w^*y}$，以更小的那个为准。

怎样减小堆中一个对象的键值呢？一个简单的方法是首先使用 4.2.2 节所描述的 Delete 操作将它删除，接着更新它的值，然后使用 Insert 操作把它添加回堆中。[1]这样，我们就完成了基于堆的 Dijkstra 算法的实现。

Dijkstra（基于堆的算法，第 2 部分）

```
   // 对堆进行更新以维持不变性
12 for 每条边(w* ,y) do
13     从 H 中删除 y
14     key(y) := min{ key(y), len(w*)+ℓ_{w*y} }
15     把 y 插入到 H
```

4.4.4 运行时间

Dijkstra 基于堆的实现的算法所完成的几乎所有工作都是由堆操作组成的（可以进行验证）。每个堆操作需要 $O(\log n)$的时间，其中 n 表示顶点的数量（堆中对象的数量绝不可能超过 n−1 个）。

这个算法所执行的堆操作有多少个？基于堆的算法第 1 部分的第 6～8 行中的每一行都有 $n-1$ 个操作，除起始顶点 s 之外的每个顶点均需要 1 个堆操作。那么基于堆的算法第 2 部分的第 13 行和第 15 行呢？

小测验 4.2

Dijkstra 将执行第 13 行和第 15 行多少次？选择适用的最小边界。（与往常一样，n 和 m 分别表示顶点的数量和边的数量。）

（a）$O(n)$

（b）$O(m)$

（c）$O(n^2)$

（d）$O(mn)$

（正确答案和详细解释如下。）

正确答案：（b）。第 13 行和第 15 行看上去可能有点奇怪。在主循环的一次

---

① 有些堆实现提供了一个 DecreaseKey 操作，对于包含 n 个对象的堆，其运行时间是 $O(\log n)$。在这种情况下，就只需要 1 个堆操作。

迭代中，这两行被执行的次数可能多达 $n-1$ 次，w^*的每条外向边各执行 1 次。一共有 $n-1$ 次迭代，看上去堆操作的数量是平方级的。对于稠密图，情况确实如此。但是一般而言，我们可以做得更好。为什么？因为我们把这些堆操作的责任交给边而不是顶点。图中的每条边(v,w)在第 12 行最多出现 1 次，也就是当 v 第一次从堆中被提取并从 $V-X$ 转移到 X 时。[①]因此，第 13 行和第 15 行对于每条边最多只执行 1 次，总共是 $2m$ 个操作，其中 m 是边的数量。

小测验 4.2 显示了 Dijkstra 算法基于堆的实现使用了 $O(m+n)$的堆操作，每个操作需要 $O(\log n)$的时间。总体运行时间是 $O((m+n)\log n)$，这是由定理 4.4 保证的。

*4.5 实现细节

为了使我们对堆的理解提升到下一层次，现在我们描述怎样从零开始实现堆。我们把注意力集中在 Insert 和 ExtractMin 两个基本操作上，并关注怎样保证它们都能实现对数时间的运行效率。

4.5.1 树形式的堆

我们可以用两种方法观察堆中的对象，即以树（更适合图示和说明）的形式和以数组的形式（更适合实现）。下面首先讨论树。

堆可以看成是一棵有根的二叉树（二叉树的每个节点可以有 0 个、1 个或 2 个子节点），每个层尽可能完全。当堆所存储的对象数量比 2 的整数次方小 1 时，每一层都是完全的（图 4.4(a)和图 4.4(b)）。当对象的数量位于两个这样的数之间时，唯一不完全的层是最后一层，子节点在这一层中从左向右展开（图 4.4(c)）。[②]

堆管理与键相关联的对象，使其满足下面的堆属性。

---

① 如果 w 此前已经被提取，那么边(v, w)就不会出现。

② 由于某些原因，计算机科学家在思考树时把它看成是向下生长的形式。

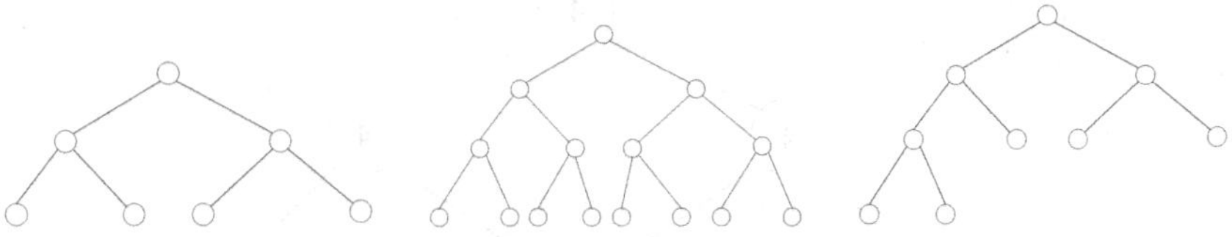

图 4.4 具有 7 个、15 个和 9 个节点的完全二叉树

堆的属性

每个对象 x 的键小于或等于它的子节点的键。

重复的键是允许存在的。图 4.5 所示的是一个合法的包含 9 个对象的堆。[①]

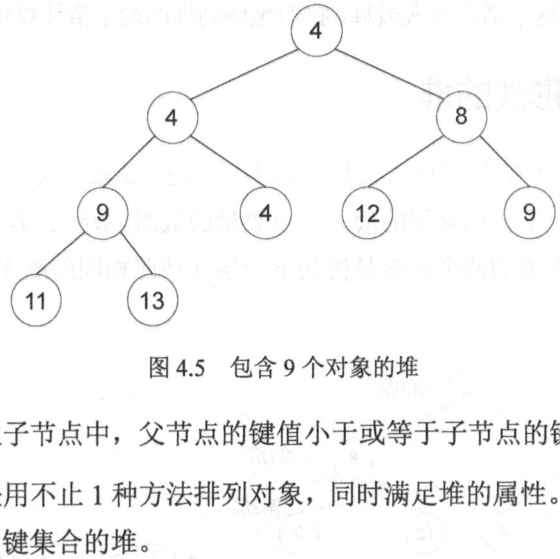

图 4.5 包含 9 个对象的堆

在每一对父子节点中，父节点的键值小于或等于子节点的键值。[②]

我们可以采用不止 1 种方法排列对象，同时满足堆的属性。图 4.6 所示的是另一个具有相同键集合的堆。

① 当绘制一个堆时，我们只显示对象的键。不要忘记堆实现所存储的是对象（或指向对象的指针）。每个对象与一个键相关联，并可能拥有很多其他数据。

② 按照迭代的方式对一个对象的子节点、子节点的子节点（以此类推）应用堆的属性，表明了每个对象的键小于或等于它的直接后代的键。上面的描述堆属性的例子并没有指定不同子树的键的相对顺序，这与现实中的家庭成员树一样！

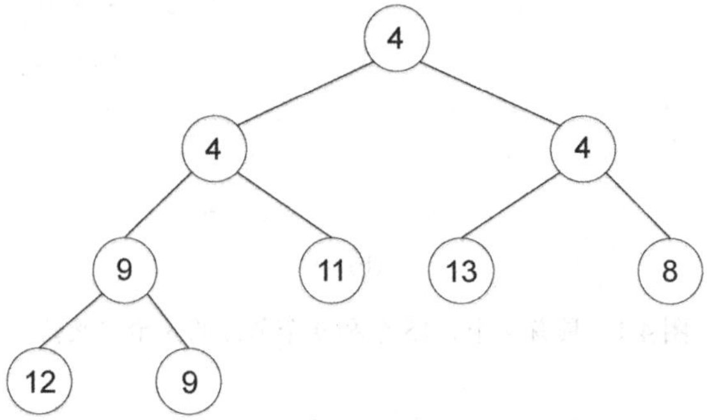

图 4.6 另一个具有相同键集合的堆

两个堆的根节点都是“4”，也是所有键中最小的（存在一样小的）。这并不是偶然的：因为当我们向上回溯一个堆时，键值只会越来越小，根节点的键是能够找到的最小的键值。这个消息令人鼓舞，我们预感到堆的最小值计算将是非常高效的。

4.5.2 数组形式的堆

在我们的思维中，堆可以看成是一棵树。但是，在堆的实现中，我们所使用的是一个长度等于堆预期存储的最大对象数量的数组。数组的第 1 个元素对应于树的根节点，接下来的两个元素是树的下一层（按照相同的顺序），接下来以此类推（见图 4.7）。

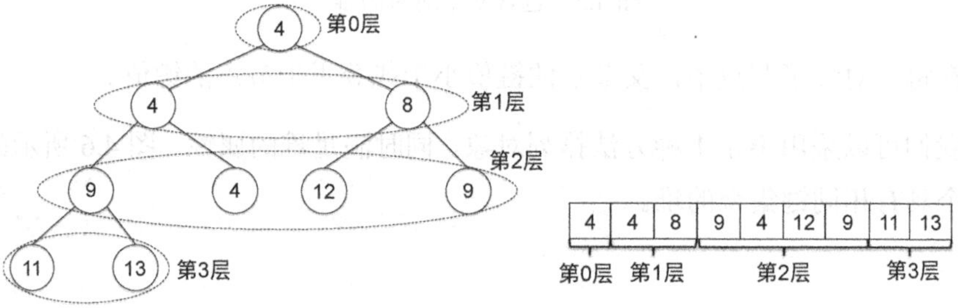

(a) 树表示形式　　(b) 数组表示形式

图 4.7 把堆的树表示形式映射到它的数组表示形式

树的父子关系可以很好地转换到数组中（见表 4.2）。假设数组位置被标记为 $1,2,\cdots,n$，其中 n 是对象的数量，位置 i 的对象的子节点对应于位置 $2i$ 和 $2i+1$ 的对象（如果存在）。例如，在图 4.5 中，根节点（位置 1）的子节点是接下来的两个对象（位置 2 和位置 3)，8（位置 3）的子节点是位置 6 和位置 7 的对象，接下来以此类推。如果采用相反的顺序，对于一个非根节点（位置是 $i\geqslant 2$)，i 的父节点是位置$\lfloor i/2 \rfloor$。[①] 例如，在图 4.5 中，最后一个对象（位置 9）的父节点是位置$\lfloor 9/2 \rfloor=4$ 的对象。

表 4.2 堆中位置为 $i\in\{1,2,3,\cdots,n\}$的对象与它的父节点、左子节点和右子节点之间的关系

父节点的位置	$\lfloor i/2 \rfloor$（前提 $i\geqslant 2$）
左子节点的位置	$2i$（前提 $2i\leqslant n$）
右子节点的位置	$2i+1$（前提 $2i+1\leqslant n$）

注：n 表示堆中的对象数量。

从子节点访问父节点以及从父节点访问子节点都可以采用如此简单的公式，这是因为我们只使用完全二叉树。[②]我们不需要明确地存储树结构。因此，堆数据结构具有最小的空间开销。[③]

4.5.3 在 $O(\log n)$时间内实现 Insert 操作

我们将通过具体的例子而不是伪码来描述 Insert 和 ExtractMin 操作的实现。[④] 难点在于添加或删除一个对象之后保持树的完全性并维护堆的属性。我们将为这两个操作使用相同的蓝图：

- 尽可能以最明显的方式保持树的完全性；
- 采用“打地鼠”的方式有组织地消除任何违反堆属性的情况。

具体地说，根据 Insert 操作的定义：假设有一个堆 H 和一个新对象 x，把 x 添加到 H 中。

在 x 被添加到 H 之后，H 仍然应该对应于一棵完全二叉树（节点数量比原

---

① $\lfloor x \rfloor$这种记法表示“地板”函数，它把参数值向下取整为最接近的整数。

② 作为额外奖励，在低层语言中，可以通过移位技巧实现极其快速的乘 2 或除 2 操作。

③ 形成对比的是，搜索树（第 5 章）不需要是完全二叉树，它们需要额外的空间明确存储每个节点指向自己的子节点的指针。

④ 我们将一直把堆画成树的形式，但不要忘记它们是以数组的形式存储的。当我们讨论从一个节点跳转到它的子节点或父节点时，实际上就是应用表 4.2 的简单索引公式。

来多了 1 个）并满足堆属性。这个操作应该需要 $O(\log n)$时间，其中 n 表示堆中的对象数量。

我们从一个实际例子开始讨论，如图 4.8 所示。

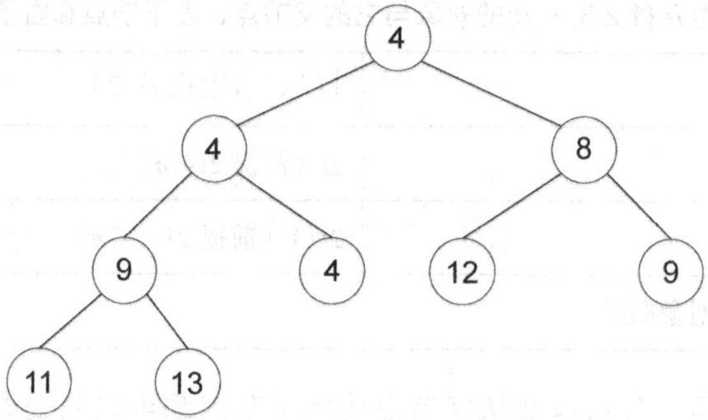

图 4.8 二叉树示例

当一个新对象被插入时，保持完全二叉树的显而易见的方法是把这个对象插入到数组的末尾，相当于塞到树的最后一层（如果最后一层已满，这个对象就成为一个新层的第 1 个节点）。只要堆的实现记录了对象的数量 n（这个很容易做到），这个步骤只要常数时间就可以完成。例如，如果把一个键值为 7 的对象插入到这个堆中，那么我们得到的结果如图 4.9 所示。

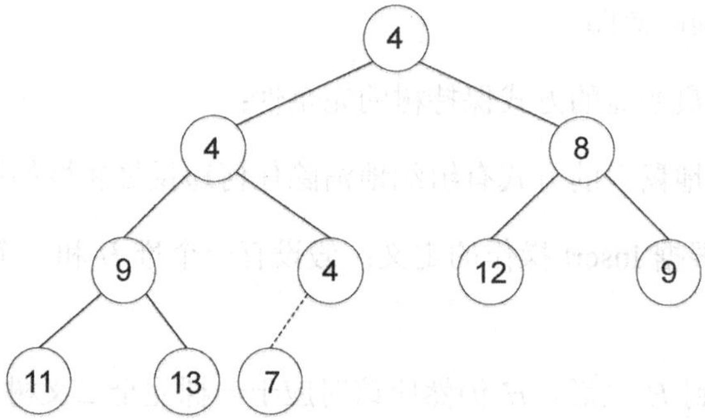

图 4.9 插入 7 后的二叉树

这棵树仍然是完全二叉树，但它是不是维护了堆属性呢？只有一个地方可能违反堆属性，即一对新的父子节点（4 和 7）。在这个例子中，我们的运气不错，这对新节点并没有违反堆属性。如果我们继续插入一个键为 10 的对象，运气仍然不错，其结果仍然是一个合法的堆，如图 4.10 所示。

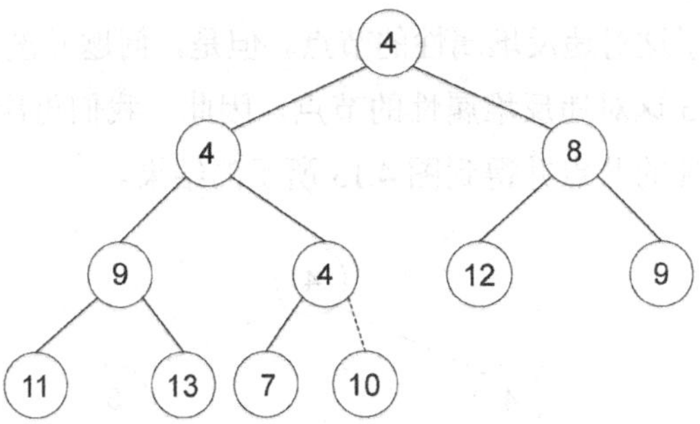

图 4.10 插入 10 后的二叉树

但是，假设我们插入一个键为 5 的对象，把它插入到末尾之后，树变成图 4.11 所示的样子。

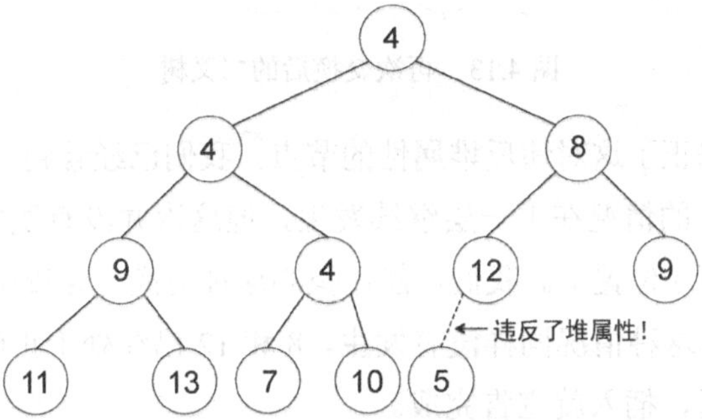

图 4.11 插入 5 后的二叉树

现在我们就遇到了一个问题：新的父子节点对（12 和 5）违反了堆属性。遇到这种情况该怎么办呢？在局部地方，我们至少可以通过交换这对违反堆属性的节点来修正这个问题，如图 4.12 所示。

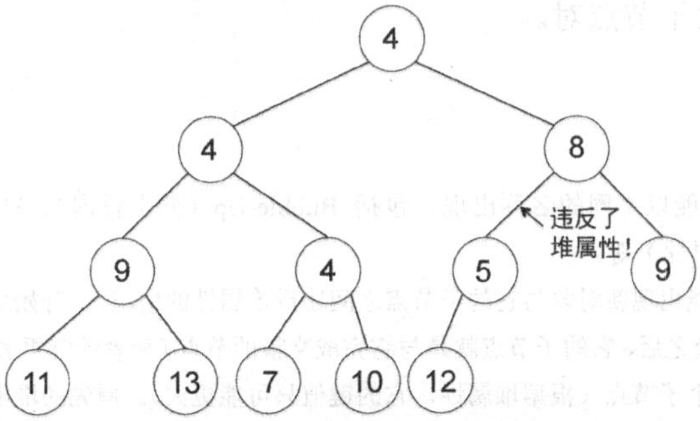

图 4.12 交换后的二叉树

这个操作修正了这对违反堆属性的节点。但是，问题并没有完全解决，因为上面又出现了 8 和 5 这对违反堆属性的节点。因此，我们再次执行相同的操作，交换这对违反堆属性的节点并得到图 4.13 所示的结果。

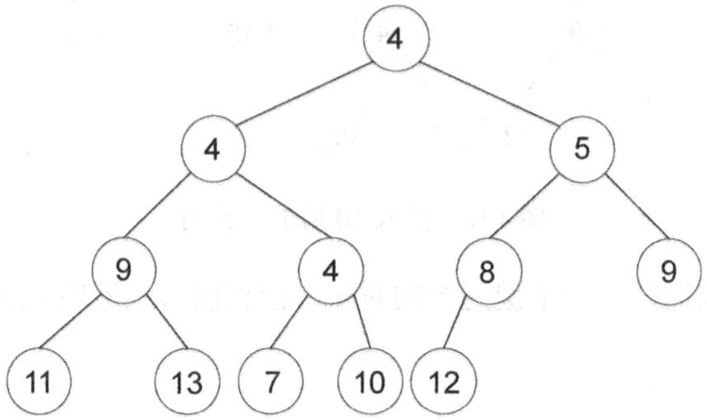

图 4.13 再次交换后的二叉树

这就明确地修正了这对违反堆属性的节点。我们已经看到，这样的交换有可能导致违反堆属性的情况在上一层继续发生，但这次并没有发生，因为 4 和 5 已经处于正确的顺序位置上。我们可能还担心这种交换会导致违反堆属性的情况在下一层发生。但这种情况同样没有发生，8 和 12 已经处于正确的顺序位置上。在恢复堆属性之后，插入就宣告完成。

一般而言，Insert 操作把新对象插入到堆的尾部，并反复交换违反堆属性的节点对。[①]在任何时候，最多只有 1 对违反堆属性的节点对，也就是新对象是子节点的情况。[②]每次交换会在树中把违反堆属性的情况向上推进一层。这个过程不会一直持续，如果新对象变成了根节点，它就不会有父节点，因此不可能再出现违反堆属性的父子节点对。

---

① 这种交换子程序可能以不同的名称出现，包括 Bubble-Up（向上冒泡）、Sift-Up（向上筛选）和 Heapify-Up（向上堆化）等。

② 在任何时候都不可能出现新对象与它的子节点之间违反堆属性的情况。一开始新插入的对象并没有子节点，经过一次交换之后，它的子节点就是与它完成交换的节点（后者的键更大，不然也不需要交换）以及后者原来的一个子节点（根据堆属性，它的键值只可能更大）。原先的堆中与新对象的插入无关的每一对父子节点仍然不会违反堆属性。例如，在我们的例子中经过两次交换之后，8 和 12 再次形成父子关系，就像原先的堆一样。

Insert
1. 把新的对象放在堆的尾部，并增加堆的大小。
2. 反复把新对象与它的父节点进行交换，直到恢复了堆属性。

由于堆是一棵完全二叉树，因此它大约有 $\log_2 n$ 个层，其中 n 表示堆中对象的数量。交换的次数最多就是层的数量，每次交换所需要的工作量是常数级的。我们可以得出结论，最坏情况下 Insert 操作的运行时间是 $O(\log n)$，这正是我们所希望的。

4.5.4 在 $O(\log n)$时间内实现 ExtractMin 操作

回顾 ExtractMin 操作：对于一个堆 H，从 H 删除并返回具有最小键值的对象。

堆的根节点保证是具有最小键值的对象。困难之处是，在移除堆的根节点之后，仍然保持完全二叉树并满足堆属性。

我们仍然采用尽可能明显的方式保持树的完全性。与插入的逆操作相似，我们知道树的最后一个节点肯定去了某个地方。但是它应该去了哪里呢？由于我们所提取的是根节点，因此用原来的最后一个节点覆盖旧的根节点。例如，我们从图 4.14 所示的堆开始。

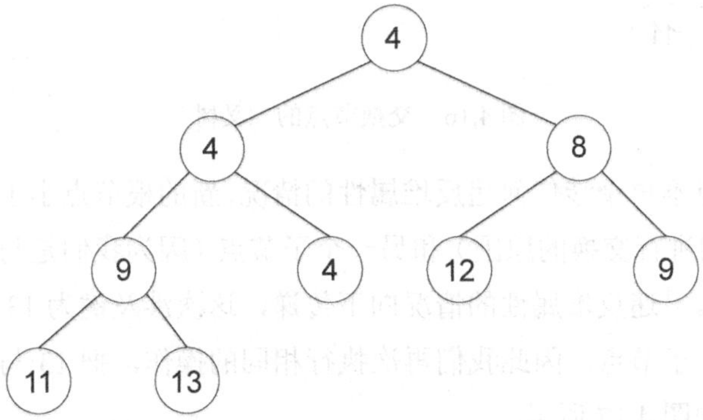

图 4.14 示例二叉树

这个操作所产生的树如图 4.15 所示。

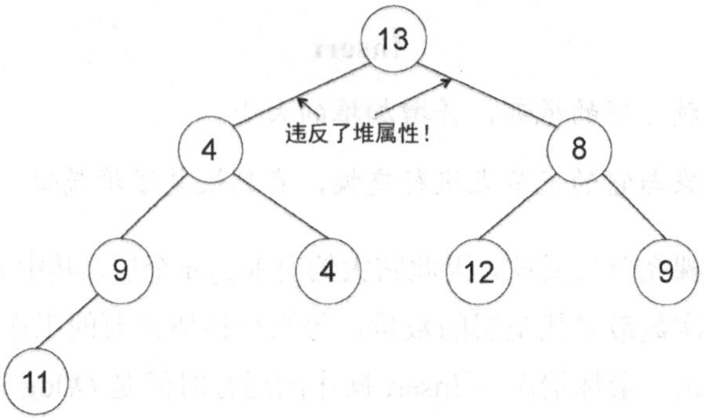

图 4.15 覆盖了根节点的二叉树

好消息是我们已经恢复了完全二叉树属性，坏消息是超常规的越级提升导致键为 13 的对象产生了两对违反堆属性的节点（13 和 4 以及 13 和 8）。我们需要通过两次交换来修正它们吗？

关键的思路是把根节点与较小的那个子节点进行交换，如图 4.16 所示。

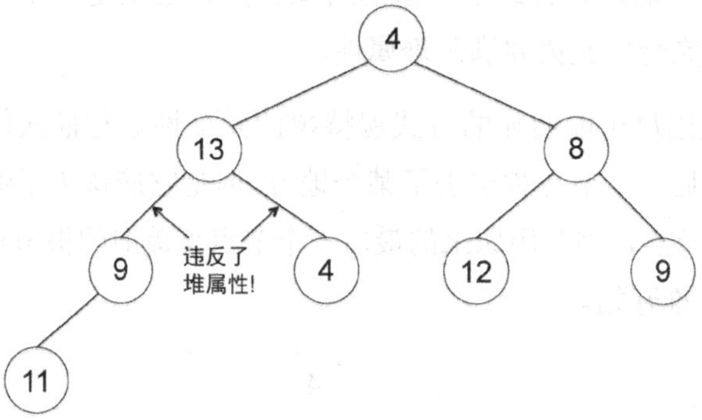

图 4.16 交换节点的二叉树

现在根节点不再牵涉任何违反堆属性的情况，新的根节点小于它所替换的节点（这也是我们进行交换的原因）和另一个子节点（因为我们是与较小的那个子节点进行交换）。[①]违反堆属性的情况向下传递，这次涉及键为 13 的对象以及它的两个（新的）子节点。因此我们再次执行相同的操作，把 13 与它较小的子节点进行交换，如图 4.17 所示。

---

① 如果把 13 与 8 进行交换，并不能使左子树免于违反堆属性（8 和 4 这一对违反了堆属性），同时还会导致“疾病”蔓延到右子树（13 和 12 以及 13 和 9 违反了堆属性）。

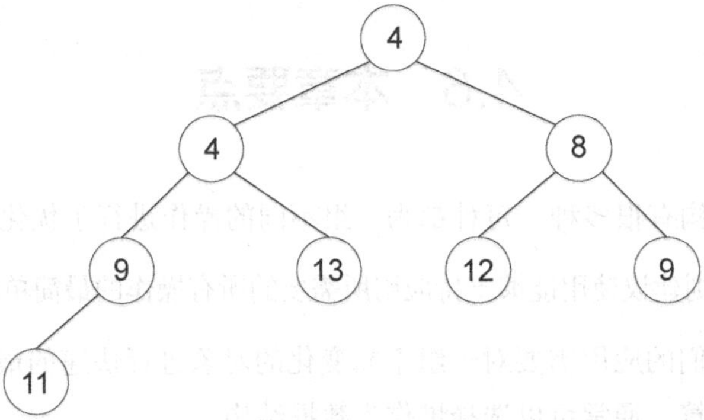

图 4.17 再次交换节点的二叉树

堆属性最终得到恢复，至此提取操作便宣告完成。

一般而言，ExtractMin 操作把堆的最后一个节点移动到根节点（通过覆盖原先的根节点），并反复把这个节点与它的较小的子节点进行交换。①在任何时候，二叉树中最多出现两对违反堆属性的节点，也就是以前的最后一个节点为父节点的那两对节点。②由于每次交换使这个对象在树中向下移动一层，因此这个过程并不会一直持续，当新对象属于最后一层时就停止交换（如果不能更早）。

ExtractMin

1. 用堆中的最后一个对象 x 覆盖根节点，并把堆的大小减 1。
2. 反复把 x 与它最小的子节点进行交换，直到堆属性得到恢复。

交换的次数最多就是层的数量，每次交换所需要的工作量是常数级的。由于总共大约有 $\log_2 n$ 个层，因此可以得出结论，最坏情况下 ExtractMin 操作的运行时间是 $O(\log n)$，其中 n 是堆中对象的数量。

① 这种交换子程序的名称有很多，其中一种叫作 Bubble-Down（向下冒泡）。

② 与之前最后一个节点无关的每一对父子节点仍然出现在原始堆中，并不会违反堆属性。这个对象与它的父节点之间也不会违反堆属性，因为它一开始没有父节点，并且它一直与具有较小键值的对象进行交换。

4.6 本章要点

- 数据结构有很多种，每种都为一组不同的操作进行了优化。
- 精简原则建议使用能够支持应用所需要的所有操作的最简单的数据结构。
- 如果我们的应用需要对一组不断变化的对象进行快速的最小值（或最大值）计算，通常可以选择堆作为数据结构。
- 两个重要的堆操作 Insert 和 ExtractMin 的运行时间是 $O(\log n)$，其中 n 表示对象的数量。
- 堆还支持 FindMin（$O(1)$时间）、Delete（$O(\log n)$时间）和 Heapify（$O(n)$时间）操作。
- HeapSort 算法使用堆对一个长度为 n 的数组进行排序，其运行时间为 $O(n \log n)$。
- 堆可以用于在 $O((m+n)\log n)$时间内实现 Dijkstra 的最短路径算法，其中 m 和 n 分别表示图中边的数量和顶点的数量。
- 堆可以看成是树的形式，但它是以数组的形式实现的。
- 堆属性表示堆中每个对象的键小于或等于它的子节点的键。
- 在实现 Insert 和 ExtractMin 操作时，我们用显而易见的方式保持树的完全性，并有组织地解决操作过程中所出现的违反堆属性的问题。

4.7 章末习题

问题 4.1 在计算机程序中，下列哪种模式表明使用堆数据结构可以实现显著的速度提升？（选择所有正确的答案。）

（a）反复地查找

（b）反复地计算最小值

（c）反复地计算最大值

（d）上述选项都不适合

问题 4.2 假设我们用一个从大到小排序的数组实现了一个优先队列的功能（即 Insert 和 ExtractMin）。Insert 和 ExtractMin 的最坏情况运行时间分别是什么？假设这个数组足够大，可以容纳所有的插入。

（a）$\Theta(1)$和 $\Theta(n)$

（b）$\Theta(n)$和 $\Theta(1)$

（c）$\Theta(\log n)$和 $\Theta(1)$

（d）$\Theta(n)$和 $\Theta(n)$

问题 4.3 假设我们用一个未排序的数组实现了一个优先队列的功能（即 Insert 和 ExtractMin）。Insert 和 ExtractMin 的最坏情况运行时间分别是什么？假设这个数组足够大，可以容纳所有的插入。

（a）$\Theta(1)$和 $\Theta(n)$

（b）$\Theta(n)$和 $\Theta(1)$

（c）$\Theta(1)$和 $\Theta(\log n)$

（d）$\Theta(n)$和 $\Theta(n)$

问题 4.4 假设有一个包含了 n 个对象的堆。可以用 $O(1)$的 Insert 和 ExtractMin 操作，以及 $O(1)$的额外工作完成下面的哪些任务？（选择所有正确的答案。）

（a）在堆中找到具有第 5 小的键值的对象。

（b）在堆中找到具有最大键值的对象。

（c）在堆中找到具有中位键值的对象。

（d）上述任务均无法完成。

挑战题

问题 4.5 继续问题 3.7，怎样修改 Dijkstra 算法基于堆的实现以计算每个顶点 $v \in V$ 的 $s-v$ 路径的最短瓶颈。这个算法的运行时间应该是 $O((m+n)\log n)$，其中 m 和 n 分别表示边的数量和顶点的数量。

问题 4.6 我们可以做得更好。假设图是无向的。请提供一种线性时间（即 $O(m+n)$时间）的算法，计算两个特定顶点之间的最短瓶颈路径。

【提示：可以直接使用本系列图书的卷 1 中的线性时间算法。在递归中，把目标瞄准在线性时间内把输入长度缩小一半。】

问题 4.7 如果是有向图，情况又将如何？是否可以在小于 $O((m+n)\log n)$的时间内计算出两个特定顶点之间的最短瓶颈路径？[①]

编程题

问题 4.8 用自己喜欢的编程语言实现 4.4 节中 Dijkstra 算法基于堆的版本，并用它解决不同有向图的单源最短路径问题。使用这种基于堆的实现，我们在 5 分钟内可以解决多么复杂的问题呢？（关于测试例和挑战数据集，可以访问 www.algorithmsilluminated.org。）

【提示：这个任务需要 Delete 操作，它可能迫使我们从头实现一个自定义的堆数据结构。为了从堆中删除一个特定位置的对象，可以沿用 Insert 和 ExtractMin 的高层方法，根据需要使用 Bubble-Up 或 Bubble-Down 消除违反堆属性的情况。我们还将需要记录哪个顶点位于堆中的哪个位置，这个任务也许可以使用散列表（第 6 章）完成。】

---

① 如果希望深入研究这个问题，可以参考论文“Algorithms for Two Bottleneck Optimization Problems”，作者为 Harold N. Gabow 和 Robert E. Tarjan（《算法期刊》，1988）。

第5章 搜索树

与堆相似，搜索树也是一种存储一个不断变化的与键相关联的对象（可能还有大量其他数据）集合的数据结构。它维护所存储的对象的整体顺序，并支持比堆更丰富的操作集合，其代价就是需要更多的额外空间，并且有些操作的运行速度比堆更慢一些。在讨论“为什么（应用）”和“怎么样（可选的实现细节）”之前，我们首先讨论“什么（即支持的操作）”。

5.1 有序数组

思考搜索树的一个好方法是把它看作有序数组的动态版本，它可以提供有序数据可以提供的所有操作，同时支持快速插入和删除。

5.1.1 有序数组支持的操作

有序数组提供了大量的实用功能。

有序数组支持的操作

Search：根据一个键 k，返回数据结构中键值为 k 的对象的指针（或报告不存在这样的对象）。

> Min(Max)：返回数据结构中具有最小键值（最大键值）的对象的指针。
>
> Predecessor（Successor）：根据数据结构中一个对象的指针，返回具有比它更小（更大）的一个键值的对象的指针。如果给定的对象已经是最小的（最大的），则报告“none”（无）。
>
> OutputSorted：按照键值顺序逐个输出数据结构中的对象。
>
> Select：根据一个数字 i（位于 1 和对象数量之间），返回数据结构中具有第 i 小键值的对象的指针。
>
> Rank：根据一个键 k，返回数据结构中键值不大于 k 的对象的数量。

我们通过下面的示例，重温怎样实现每个操作。

3	6	10	11	17	23	30	36

- Search 操作使用了二分搜索：首先检查数组中间位置的对象是否具有我们所查找的键值。如果是，就返回这个对象。如果不是，就采用递归的方式进入左半部分（如果中间对象的键值大于待查找的键值）或右半部分（如果中间对象的键值小于待查找的键值）。[①] 例如，为了在上面的数组中搜索键值 8，二分搜索将执行如下：检查第 4 个对象（键值为 11）；在左半部分（键值为 3、6 和 10 的对象）进行递归；检查第 2 个对象（键值为 6）；在剩余数组的右半部分（键值为 10 的对象）进行递归；结论是键值为 8 的对象的正确位置应该在第 2 个和第 3 个对象之间，并报告“none”。由于每次递归调用都把数组的长度缩减一半，因此总共最多是 $\log_2 n$ 个递归调用，其中 n 表示数组的长度。由于每次递归调用所执行的是常数级的工作量，因此这个操作的运行时间是 $O(\log n)$。
- Min 和 Max 很容易在 $O(1)$时间内实现，它们分别返回一个指向数组第 1 个对象和最后一个对象的指针。
- 为了实现 Predecessor 或 Successor，可以使用 Search 操作恢复给定对象

① 上了一定岁数的读者应该还记得在电话本中搜索电话号码的方法。如果读者以前没有看到过这个算法的代码，那么可以参考自己喜欢的入门编程书籍或教程。

在有序数组中的位置，并分别返回这个对象的前一个位置或后一个位置的对象。这两个操作的速度与 Search 一样快，运行时间都是 $O(\log n)$，其中 n 表示数组的长度。

- 在有序数组中以线性时间实现 OutputSorted 是非常简单的：从前至后对数组执行一遍扫描，依次输出每个对象。
- Select 很容易在常数时间内实现：对于给定的索引位置 i，返回数组第 i 个位置的对象。
- Rank 操作类似于 Select 操作的逆操作，它可以采用与 Search 相同的实现代码：如果二分搜索在数组的第 i 个位置找到了一个键值为 k 的对象，或者它发现 k 位于第 i 个位置和第 i+1 个位置的对象键值之间，正确的答案就是 i。[①]

作为总结，表 5.1 列出了有序数组支持的操作以及它们的运行时间。

表 5.1 有序数组支持的操作以及它们的运行时间

操作	运行时间
Search	$O(\log n)$
Min	$O(1)$
Max	$O(1)$
Predecessor	$O(\log n)$
Successor	$O(\log n)$
OutputSorted	$O(n)$
Select	$O(1)$
Rank	$O(\log n)$

注：n 表示数组当前所存储的对象数量。

5.1.2 有序数组不支持的操作

我们真的还需要更多的操作吗？对于并不会随着时间而变化的静态数据集，它所支持的这些操作已经足够完整。但是，许多现实世界的应用是动态的，相关的数

① 简单起见，这个描述假定不存在重复的键值。为了允许数组中出现重复的键值，需要做哪些必要的修改呢？

据集随着时间的推移不断发生变化。例如，不时会有入职和离职的员工，存储员工记录的数据结构应该随时更新。由于这个原因，我们还关注插入和删除操作。

有序数组不支持的操作

Insert：对于一个新对象 x，把 x 添加到数据结构中。

Delete：对于一个键值 k，从数据结构中删除具有键值 k 的对象（如果存在）。[①]

这两个操作在有序数组中并不是无法实现的，但它们的速度之慢令人痛心。在插入或删除一个元素的同时，维护有序数组的属性在最坏情况下需要线性时间。有没有一种替代的数据结构能够提供有序数组的所有功能，同时又支持对数级运行时间的 Insert 和 Delete 操作呢？

5.2 搜索树支持的操作

搜索树的存在意义就在于它能够支持有序数组的所有功能，同时支持插入和删除操作。除 OutputSorted 之外的其他操作的运行时间是 $O(\log n)$，其中 n 表示搜索树中的对象数量。OutputSorted 操作的运行时间是 $O(n)$，这也是它可以得到的最佳结果（因为它必须输出 n 个对象）。

表 5.2 是平衡二叉树与有序数组支持的操作以及它们的运行时间。

表 5.2 平衡二叉树与有序数组支持的操作以及它们的运行时间

操作	有序数组	平衡二叉树
Search	$O(\log n)$	$O(\log n)$
Min	$O(1)$	$O(\log n)$
Max	$O(1)$	$O(\log n)$
Predecessor	$O(\log n)$	$O(\log n)$

① 敏锐的读者可能注意到 Delete 操作的规范（以键值为输入参数）与堆的删除操作（以指向对象的指针为输入参数）不同。这是因为堆并不支持快速搜索。在有序数组（以及搜索树和散列表）中，很容易把指针恢复到指向一个特定键值的对象（通过 Search 操作）。

续表

操作	有序数组	平衡二叉树
Successor	$O(\log n)$	$O(\log n)$
OutputSorted	$O(n)$	$O(n)$
Select	$O(1)$	$O(\log n)$
Rank	$O(\log n)$	$O(\log n)$
Insert	$O(n)$	$O(\log n)$
Delete	$O(n)$	$O(\log n)$

注：n 表示存储在数据结构中的当前对象数量。

重要警告：表 5.2 所示的运行时间是通过平衡二叉树实现的，这是 5.3 节所描述的标准二叉搜索树的一种更为高级的版本。如果是不平衡的搜索树，就不能保证这些运行时间。[①]

什么时候使用平衡二叉树

如果我们的应用需要维护一个动态变化的对象集合的有序表现形式，那么平衡搜索树（或基于此的数据结构[②]）通常就是我们应该选择的数据结构。[③]

我们要记住精简原则：选择能够支持应用所需要的所有操作的最简单数据结构。如果只需要维护一个静态数据集的一种有序表现形式（不需要插入和删除），应该优先使用有序数组而不是平衡搜索树，后者在这种场合显得有点小题大做。如果数据集是动态的，但是我们只关注快速的最小值（或最大值）操作，就应该使用堆而不是平衡搜索树。这些更简单的数据结构的功能要少于平衡搜索树，但在它们所支持的操作方面，它们的速度越快（常数级或对数级的运行时间）、所需要的额外空间也越少（也是常数级的）。[④]

---

① 5.3 节和 5.4 节的预览：一般而言，搜索树操作的运行时间与树的高度成正比，意思是从树根到它的一个叶节点的最长距离。在一棵具有 n 个节点的二叉树中，它的高度大约从 $\log_2 n$（如果该树是完美平衡的）到 $n-1$（如果节点形成一条单路径）。平衡搜索树执行适当数量的额外工作保证树的高度总是 $O(\log n)$。这个高度可以保证表 5.2 的运行时间边界。

② 例如，Java 中的 TreeMap 类和 C++标准模板库中的 map 类模板均建立在平衡搜索树的基础之上。

③ 在自然环境中观察平衡搜索树的一个好地方是 Linux 内核。例如，它们用于管理进程的调试，并记录每个进程的虚拟内存印迹。

④ 第 6 章将讨论散列表，它所提供的功能也要少一些，但在它所擅长的领域，它表现得更为出色（对于所有的实际用途，都能达到常数级的运行时间）。

*5.3 实现细节

本节提供了二叉搜索树（并不一定是平衡的）的典型实现的一种高层描述。5.4 节将讨论为了实现平衡搜索树所需要的一些额外思路。

5.3.1 搜索树的属性

在二叉搜索树中，每个节点对应于一个具有 3 个相关联指针的对象（具有一个键），这 3 个指针分别是父节点指针、左子节点指针和右子节点指针。任一指针都可以是 null，表示不存在父节点或某个子节点。节点 x 的左子树中的节点可以从 x 通过它的左子节点指针到达。它的右子树也具有相似的特性。决定性的搜索树属性如下。[①]

搜索树的属性

1. 对于每个对象 x，x 的左子树中的对象的键值小于 x 的键值。
2. 对于每个对象 x，x 的右子树中的对象的键值大于 x 的键值[②]。

搜索树的属性对搜索树的每个节点都施加了一个要求，而不仅仅是针对根节点，如图 5.1 所示。

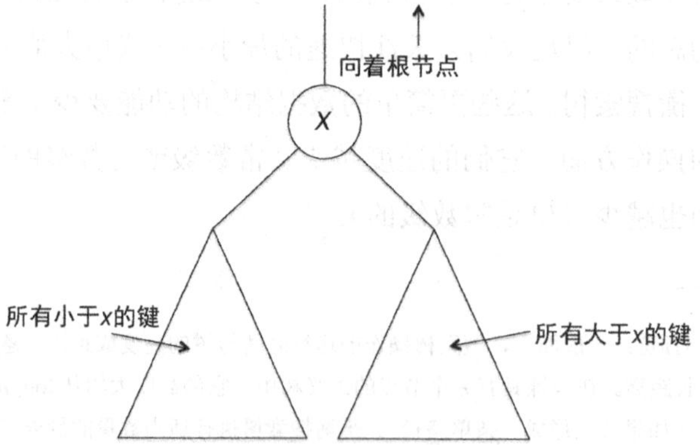

图 5.1 搜索树的节点要求

① 节点和对应的对象可以互换表示。

② 这里假设不存在两个对象具有相同键的情况。为了允许出现重复的键，可以把第一个条件的“小于”改为“小于或等于”。

例如，图 5.2（a）是一棵包含键{1,2,3,4,5}的搜索树，图 5.2（b）所示的表列出了每个节点的 3 个指针的目标。

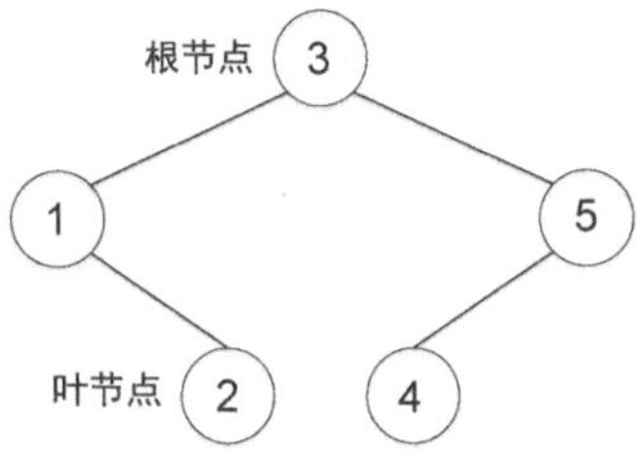

（a）搜索树

节点	父节点	左子节点	右子节点
1	3	null	2
2	1	null	null
3	null	1	5
4	5	null	null
5	3	4	null

（b）指针

图 5.2　一棵搜索树以及它对应的父节点和子节点指针

二叉搜索树和堆在几个方面存在区别。堆可以被看成是树，但它是以数组的形式实现的，对象之间并没有明确的指针。搜索树中的每个对象存储 3 个指针，因此需要使用更多的空间（常数因子级的）。

堆并不需要明确的指针，因为它们总是对应于完全二叉树，而二叉搜索树可以是任意的二叉树结构。

搜索树的用途与堆不同。由于这个原因，搜索树的属性与堆的属性并不具有可比性。堆为快速的最小值计算进行了优化，因此堆的属性（子节点的键只可能大于它的父节点的键）使得确定具有最小键值的对象变得非常容易（它是根节点）。搜索树为搜索进行了优化，搜索树的属性也根据这个目的进行了定义。例如，如果我们在一棵搜索树中搜索具有键值 23 的对象，并且这棵树的根节点的键是 17，就会知道这个对象只可能出现在根节点的右子树，因此不需要考虑它的左子树。这就让我们想到了二分搜索，它是一种适合模拟动态变化的有序数组的数据结构。

5.3.2 搜索树的高度

对于一组特定的键，存在许多不同的搜索树。键为{1,2,3,4,5}的对象集合的另一棵搜索树如图 5.3 所示。

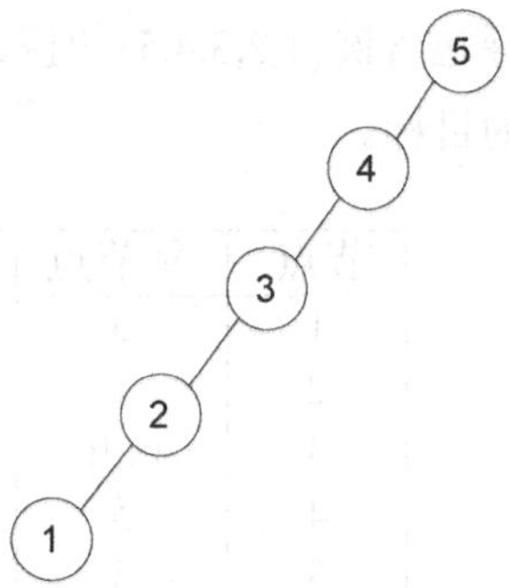

图 5.3 没有任何非空的右子树

与前面那棵搜索树相比，图 5.3 所示的子树也满足搜索树的属性，只不过显得有点过于笔直（没有任何非空的右子树）。

树的高度被定义为从树根到一片叶子的最长路径的长度。[①]包含相同对象集合的不同搜索树可以具有不同的高度，就像前面的两个例子一样（高度分别为 2 和 4）。一般而言，包含 n 个对象的二叉搜索树的高度是从 $\log_2 n$ 到 $n-1$。$\log_2 n$ 是完全平衡二叉树的最佳情况，$n-1$ 是最坏情况。

本节的剩余部分规划了如何在与树的高度成正比的运行时间内实现二叉搜索树的所有操作（除 OutputSorted 之外，它的运行时间与 n 成正比）。对于进行了优化保证高度为 $O(\log n)$的搜索树（参见 5.4 节），它可以实现表 5.2 所示的成绩单所报告的运行时间。

5.3.3 在 O（高度）时间内实现 Search

我们首先从 Search 操作开始：对于一个键 k，返回数据结构中键值为 k 的对象的指针（或者报告不存在这样的对象）。

搜索树的属性准确地告诉我们在哪里寻找键值为 k 的对象。如果 k 小于（或大于）树根的键，那么这个对象必然位于树根的左子树（或右子树）。为了进行搜索，我们可以根据常识来进行：从树根开始，并反复地向左或向右，直到找到需要寻找的对象（成功的搜索）或遇到一个 null 指针（不成功的搜索）。

---

① 又称树的深度。

例如，假设我们在第一棵二叉搜索树中搜索一个键值为 2 的对象，如图 5.4 所示。

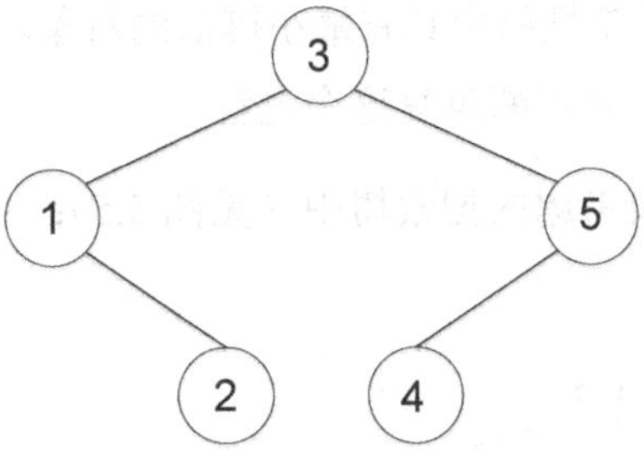

图 5.4　二叉搜索树示例

由于树根的键（3）太大，因此第一步就是遍历左子树指针。由于下一个节点的键太小（1），因此第 2 步就对右子树指针进行遍历，到达需要寻找的对象。如果我们搜索一个键值为 6 的对象，搜索首先对树根的右子树指针进行遍历（因为树根的键太小）。由于下一个节点的键（5）仍然太小，因此搜索仍然在下一个右子树指针中进行，然后遇到一个 null 指针，因此终止搜索（搜索不成功）。

Search

1. 从根节点开始。
2. 根据情况反复遍历左子树和右子树指针（如果 k 小于当前节点的键，就遍历左子树；如果 k 大于当前节点的键，就遍历右子树）。
3. 返回一个键值为 k 的对象的指针（如果找到）或返回“none”（搜索到一个 null 指针时）。

运行时间与过程中所遍历的指针数量成正比，最多为搜索树的高度（如果搜索不成功，遇到 null 指针，则为高度加 1）。

5.3.4 在 O（高度）时间内实现 Min 和 Max

搜索树的属性使我们很容易实现 Min 和 Max 操作。

Min（Max）：在数据结构中返回具有最小（最大）键值的对象的指针。

树根的左子树中的键只可能比树根的键更小，而右子树的键只可能比树根的键更大。如果左子树为空，那么树根就是具有最小键值的对象。否则，左子树中具有最小键值的对象就是整棵树中具有最小键值的对象。这就指示我们沿着树根的左子树指针向下访问，并不断重复这个过程。

例如，在我们前面所考虑的搜索树中（见图 5.5）：

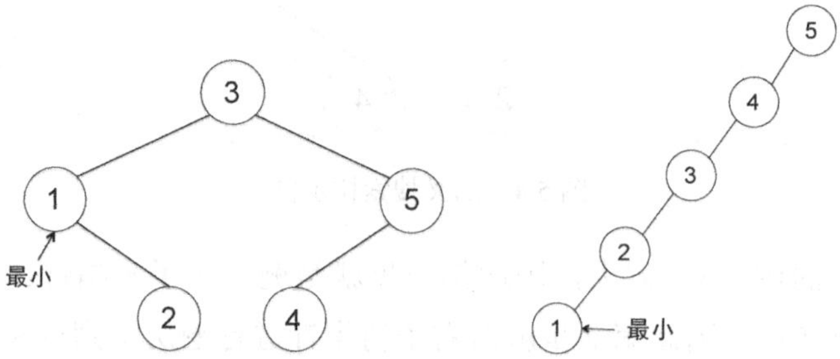

图 5.5 二叉搜索示例（2）

反复地沿着左子树指针向下访问可以找到具有最小键值的对象。

Min（Max）
1. 从根节点开始。
2. 只要有可能，就一直遍历左子树指针（右子树指针），直到遇见一个 null 指针。
3. 返回指向最后一个访问的对象的指针。

它的运行时间与这个过程中所访问的指针数量成正比，也就是 O（高度）。

5.3.5 在 O（高度）时间内实现 Predecessor

接着是 Predecessor 操作。Successor 操作的实现与 Predecessor 操作的相似。

Predecessor：根据数据结构中指向一个对象的指针，返回键值仅次于该对象的对象的指针（如果这个对象已经是最小键值，就报告“none”）。

给定一个对象 x，x 的前驱节点在哪里？不会在 x 的右子树，因为右子树中

的键值都大于 x 的键值（根据搜索树的属性）。下面看一下相关实例，如图 5.4 所示。

这个例子描述了两种情况。前驱节点可能出现在左子树（对于键值为 3 和 5 的节点），或者是树中上面层次中的一个祖先节点（对于键值为 2 和 4 的节点）。

基本模式：如果一个对象 x 的左子树不为空，那么这棵子树的最大元素就是 x 的前驱节点。[①]否则，x 的前驱节点就是 x 的祖先节点中键值仅次于 x 的。这相当于从 x 向上访问父节点的指针，然后第一次左转所遇到的节点就是我们所寻找的目标节点。[②]例如，在上面的搜索树中，从键值为 4 的节点向上追踪父节点指针首先是右转（遇到一个更大的键值 5 的节点），然后向左转，就到达正确的前驱节点（3）。如果 x 的左子树为空，并且它的上面也不存在向左转的情况，那么它就是搜索树中最小的节点，不存在前驱节点（就像上面的搜索树中键值为 1 的那个节点）。

Predecessor

1. 如果 x 的左子树非空，就返回在这棵左子树上应用 Max 操作的结果。

2. 否则，朝着树根的方向向上遍历父节点指针。如果遍历过程中访问了连续的节点 y 和 z 并且 y 是 z 是右子树，就返回指向 z 的指针。

3. 否则，就报告“none”。

它的运行时间与它在整个过程中所访问的指针数量成正比，在所有情况下均为 O（高度）。

5.3.6 在 $O(n)$时间内实现 OutputSorted 操作

先回顾 OutputSorted 操作。

OutputSorted：按照键值的顺序逐个输出数据结构中的对象。

---

① 在小于 x 的键值的所有键中，x 的左子树中的键是最接近 x 的（可以进行验证）。在这棵左子树的所有键中，最大的键值是最接近于 x 的。

② 向右转只会遇到具有更大键值的节点，不可能是 x 的前驱节点。搜索树的属性还提示了更遥远的祖先节点或非祖先节点都不可能是 x 的前驱节点（可以进行验证）。

这个操作的一种简便的实现方法是，首先使用 Min 操作输出具有最小键值的对象，然后反复调用 Successor 操作依次输出剩余的对象。一种更好的方法是使用搜索树的中序遍历方法，它递归地处理根节点的左子树，然后是根节点，再是根节点的右子树。这个思路完美地契合了搜索树的属性，提示 OutputSorted 首先应该按顺序输出根节点的左子树中的对象，然后输出根节点的对象，再按顺序输出根节点的右子树中的对象。

OutputSorted

1. 在根节点的左子树上递归地调用 OutputSorted。
2. 输出根节点的对象。
3. 在根节点的右子树上递归地调用 OutputSorted。

对于一棵包含 n 个对象的树，这个操作执行 n 个递归操作（每个节点执行 1 次），并且每次递归执行常数级的操作，因此它的整体运行时间是 $O(n)$。

5.3.7 在 O（高度）时间内实现 Insert 操作

到目前为止所讨论的操作均不会对给定的搜索树进行修改，因此这些操作不存在破坏搜索树的属性这种风险。

接下来的 Insert 和 Delete 两个操作对树进行了修改，因此必须注意维护搜索树的属性。

Insert：对于一个新对象 x，把 x 添加到数据结构中。

Insert 操作站在 Search 的“肩膀”之上。对键值为 k 的对象的不成功搜索能够找到这个对象应该出现的位置。这正是放置键值为 k 的新对象的适当位置（重置原先的 null 指针）。在我们的演示例子中，键值为 6 的新对象的正确位置正是不成功的搜索完成时所在的位置，如图 5.6 所示。

如果树中已经存在一个键值为 k 的对象，应该怎么办呢？如果我们希望避免重复的键，就可以忽略这次插入。否则，搜索就会沿着键值为 k 的现有对象的左子树进行，不断向前直到遇见一个 null 指针。

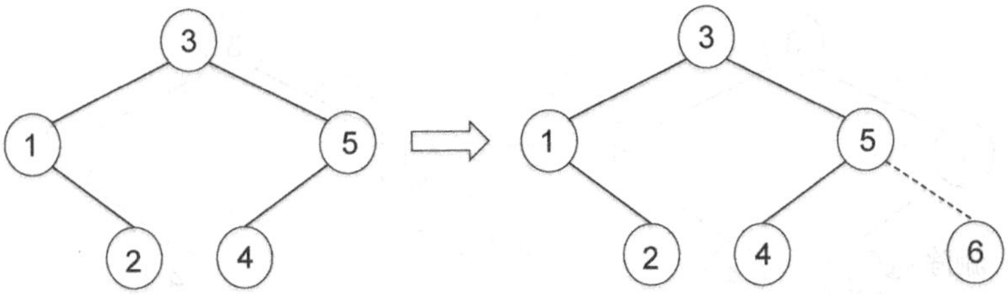

图 5.6 添加键为 6 的节点

Insert

1. 从根节点开始。
2. 根据需要反复遍历左子树和右子树（如果 k 不大于当前节点的键，就遍历左子树；如果 k 大于当前节点的键，就遍历右子树），直到遇见一个 null 指针。
3. 用指向新对象的指针替换原先的 null 指针。把新节点的父节点指针设置为它的父节点，把它的子节点指针设置为 null。

这个操作保留了搜索树的属性，因为它把新对象放在它应该出现的位置。[①] 它的运行时间与 Search 相同，也是 O（高度）。

5.3.8 在 O（高度）时间内实现 Delete 操作

在大多数数据结构中，Delete 操作是最难正确实现的操作之一，搜索树也不例外。

Delete：对于一个键 k，从搜索树中删除键值为 k 的一个对象（如果存在）。

主要的困难在于删除一个节点后对树进行修补，以恢复搜索树的属性。

第一步是调用 Search 找到一个键值为 k 的对象（如果不存在这样的对象，则 Delete 不会执行任何操作）。这里存在 3 种情况，取决于 x 具有 0 个、1 个还是 2 个子树。如果 x 是叶节点，那么可以在没有后顾之忧的情况下将它删除。例如，如果我们从前面的搜索树中删除键为 2 的节点（见图 5.7）：

① 按照更为正式的说法，设 x 表示新插入的对象，并考虑一个现有对象 y。如果 x 并不是以 y 为根节点的子树的一个成员，则它不会破坏 y 为根节点的子树的搜索树属性。如果它是以 y 为根节点的子树的成员，则 y 是在 x 的不成功搜索过程中曾经访问过的节点之一。x 和 y 的键在这次搜索中明确地进行了比较，当且仅当 x 的键不大于 y 的键时，x 才会被放在 y 的左子树中。

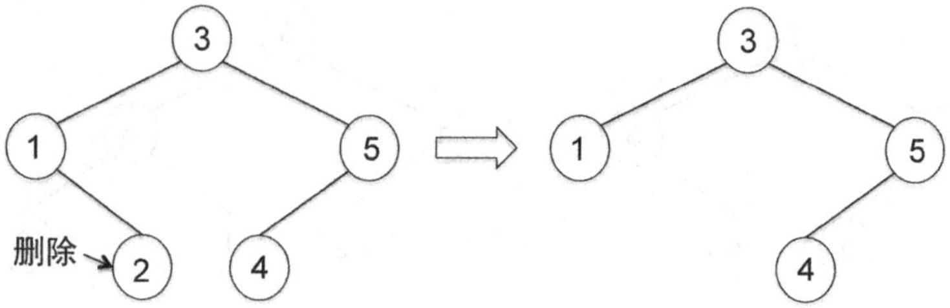

图 5.7 删除键为 2 的节点

对于每个剩余的节点 y，y 的子树中的节点与以前一样，唯一可能存在的区别就是 x 已经被删除。搜索树的属性仍然得到了保持。

当 x 具有 1 个子节点 y 时，我们可以把它拼接起来。删除 x 导致 y 失去了父节点，并且 x 原先的父节点 z 失去了其中一个子节点。显而易见的修复方法是让 y 继承 x 原先的位置（作为 z 的子节点）。

例如，如果我们从前面的搜索树中删除键为 5 的节点（见图 5.8）：

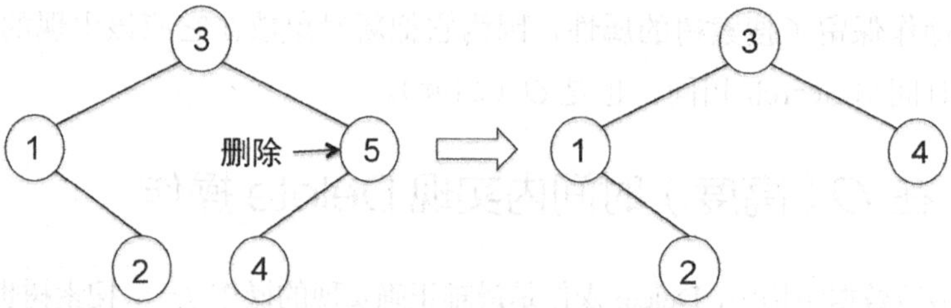

图 5.8 删除键为 5 的节点

与第一种情况的原因相同，搜索树的属性仍然得到了保留。

困难的情况在于 x 具有两个子节点的时候。删除 x 导致两个节点没有了父节点，并且不清楚应该把它们放在什么地方。在这个演示例子中，也没有显而易见的方法在删除树的根节点之后修复这棵树。

关键的技巧是把困难情况简化为其中一种简单情况。首先，使用 Predecessor 操作计算 x 的前驱节点 y。[①]由于 x 具有两个子节点，因此它的前驱节点是它的（非空！）左子树中具有最大键值的节点（参见 5.3.5 节）。由于这个最大键值是尽

① 如果读者喜欢，那么也可以用后继节点。

可能沿着右子树指针计算产生的（参见 5.3.4 节），因此 y 不可能还有右子节点。它可能有左子节点，也可能没有左子节点。

下面是一种疯狂的思路：把 x 与 y 进行交换！在我们的演示例子中，根节点 3 作为 x，二叉树示例如图 5.9 所示。

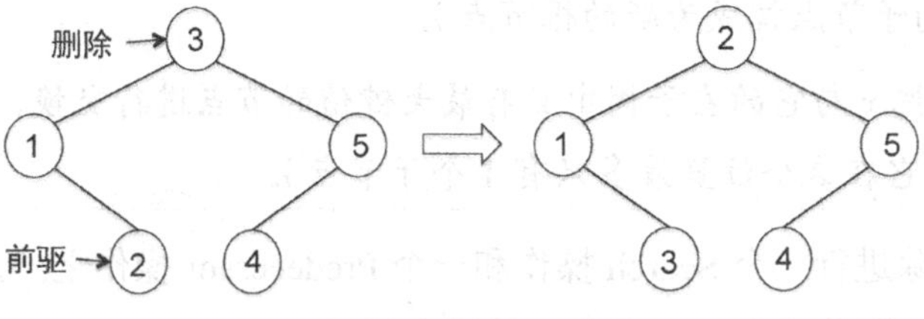

图 5.9　交换后的二叉树

这种疯狂的思路看上去不像是个好主意，因为我们现在违反了搜索树的属性（键值为 3 的节点出现在键值为 2 的节点的左子树中）。但是，每次违反搜索树属性的情况都涉及 x（3），而这正是我们希望删除的节点。[①]由于现在 x（3）占据了 y（2）以前的位置，因此它现在不再具有右子节点。

从 x 的新位置删除它会成为两个简单的情况之一：如果它没有左子节点，我们就将它删除；如果它具有左子节点，我们就对它进行拼接。无论是哪种方式，删除 x 之后，搜索树的属性仍然得到了保留，如图 5.10 所示。

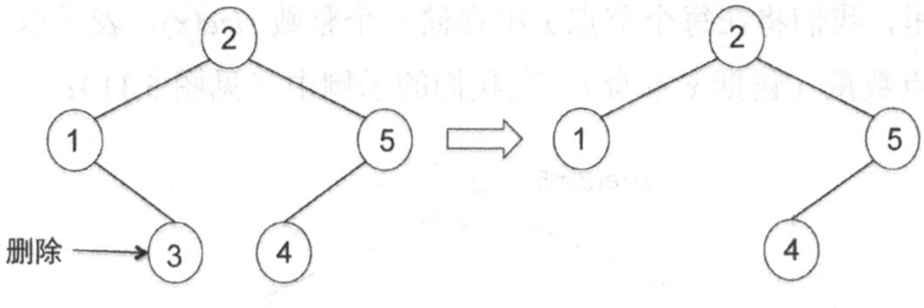

图 5.10　删除键为 3 的节点

DELETE 操作

1. 使用 Search 操作找到具有键值 k 的对象 x（如果不存在这个对象，就停止操作）。

① 对于每个除了 y 之外的节点 z，z 的子树中唯一可能出现的新节点是 x。同时，在所有键值的有序排列中，y 作为 x 的直接前驱，它的键大于 x 原先的左子树中的所有键，小于 x 原先的右子树中的键。因此，搜索树的属性对于 y 出现在新位置时仍然是成立的，只要不牵涉 x。

2. 如果 x 没有子节点，就删除 x，把 x 的父节点的适当子节点指针设置为 null（如果 x 是根节点，新树就是空的）。

3. 如果 x 具有 1 个子节点，就对 x 进行拼接，把 x 的父节点的合适子节点指针设置为指向 x 的子节点，x 的子节点的父指针设置为 x 的父指针（如果 x 是根节点，它的子节点就成为新的根节点）。

4. 否则，就把 x 与它的左子树中具有最大键值的节点进行交换，并从 x 的新位置删除 x（它在这个位置最多只有 1 个子节点）。

这个操作除进行一个 Search 操作和一个 Predecessor 操作之外，还执行一些常数级的工作，因此它在 O（高度）时间内运行。

5.3.9 强化的搜索树支持 Select 操作

最后，我们讨论 Select 操作。

Select：对于一个数 i（它的值在 1 和数据结构所包含的对象数量之间），返回数据结构中具有第 i 小的键值的对象的指针。

为了让 Select 能够快速运行，我们将对搜索树进行强化，每个节点记录与树本身的结构有关的信息，而不仅仅是对象的信息。[①]搜索树可以通过许多方式进行强化。这里，我们将在每个节点 x 中存储一个整数 $size(x)$，表示以 x 为根节点的子树的节点数量（包括 x 本身）。在我们的示例中（见图 5.11）：

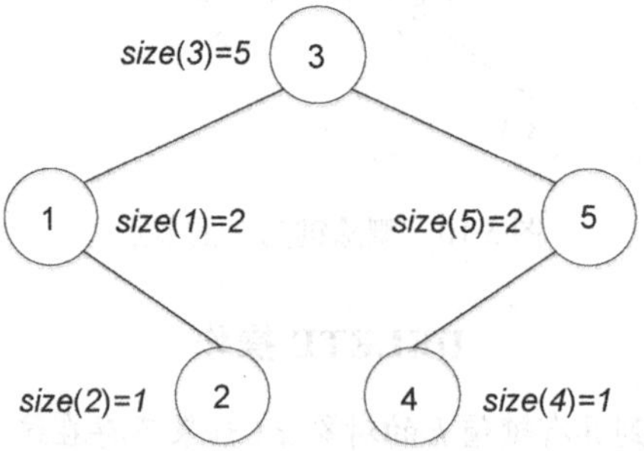

图 5.11 某个示例

① 这个思路也可以用于在 O（高度）时间内实现 Rank 操作（可以进行验证）。

小测验 5.1

假设一棵搜索树中的节点 x 具有子节点 y 和 z。$size(x)$、$size(y)$和 $size(z)$之间有什么关系？

（a）$size(x) = \max\{size(y), size(z)\}+1$

（b）$size(x) = size(y) + size(z)$

（c）$size(x) = size(y) + size(z)+1$

（d）它们之间不存在基本关系

（正确答案和详细解释参见 5.3.10 节。）

这个附加信息有什么用处呢？想象一下，我们在一棵包含 100 个节点的搜索树中寻找键值为第 17 小（即 i =17）的对象。从根节点开始，我们可以以常数级时间计算它的左子树和右子树的大小。根据搜索树的属性，左子树中的每个键都小于根节点和右子树中的键。如果左子树的节点数量是 25，则树中就有 25 个较小的键，其中包括第 17 小的键。如果左子树的节点数量只有 12，那么右子树就包含了除这 13 个较小键之外的其他键，并且第 17 小的键就是它所包含的 87 个键中的第 4 小的键。无论是哪种情况，我们都可以采用递归的方式调用 Select 找到需要寻找的对象。

Select 操作

1. 从根节点开始，设 j 表示它的左子树的大小（如果它没有左子树，则 j=0）。
2. 如果 i=j+1，就返回指向根节点的指针。
3. 如果 i<j+1，就在左子树中递归地计算第 i 小的键。
4. 如果 i>j+1，在右子树中递归地计算第 i–j–1 小的键。[①]

由于搜索树的每个节点存储了它的子树的大小，因此每次递归调用只进行常数级的工作。每个递归调用在树中向下深入一步，因此总的工作量是 O(高度)。

需要付出的代价。我们仍然需要为此付出一些代价。我们在搜索树中添

① 递归的结构可能会让我们回想起本系列图书卷 1 第 6 章所讨论的选择算法，根节点扮演了基准元素的角色。

加并利用了元数据，并且对树进行修改的每个操作除维护搜索树的属性之外还必须负责更新这个信息。我们应该认真思考怎样重新实现 Insert 和 Delete 操作，使它们的运行时间仍然保持在 O(高度)，同时能够正确地维护所有的子树大小信息。①

5.3.10 小测验 5.1 的答案

正确答案：(c)。根节点为 x 的子树中的每个节点是 x 本身、x 的左子树中的节点或 x 的右子树中的节点。因此，我们可以得到下面的结果：

$$size(x) = \underbrace{size(y)}_{\text{左子树中的节点}} + \underbrace{size(z)}_{\text{右子树中的节点}} + \underbrace{1}_{x}$$

*5.4 平衡搜索树

5.4.1 努力实现更好的平衡

二叉搜索树的每个操作（除 OutputSorted 之外）的运行时间与树的高度成正比，其范围是从最佳场景的大约 $\log_2 n$（完美平衡树）到 $n-1$（链式的树），其中 n 表示树中的对象数量。事实上，很可能出现平衡性较差的树。例如，当对象是按照已排序的顺序（或者反序）插入时（见图 5.12）：

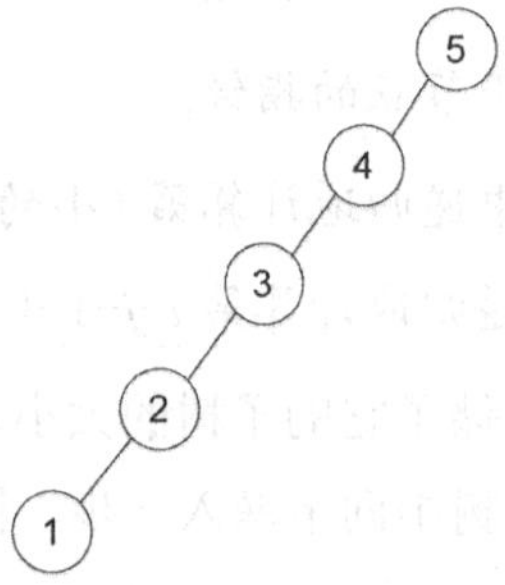

图 5.12 平衡性较差的树

① 例如，对于 Insert 操作，在根节点到这个新插入对象之间的路径上的每个对象，都需要把子树的大小增加 1。

对数级运行时间和线性运行时间的区别是巨大的，因此在实现 Insert 和 Delete 时需要多付出一些努力，使它们仍然维持 O(高度)的运行时间。只是需要使常数因子更大一点，这是为了保证树的高度总是保持在 $O(\log n)$。

有几种不同类型的平衡搜索树可以保证 $O(\log n)$的高度，因此能够实现表 5.2 中的成绩单所描述的操作运行时间。[①]坏处是在实现细节中，它们对于平衡搜索树而言可能会非常麻烦。幸运的是，我们总是可以使用现成的实现，几乎不会遇到需要自己从头实现的情况。不过，我鼓励读者对平衡二叉树幕后的一切加以探究，可以阅读相关教科书或者探索在线免费可用的开源实现和可视化演示。[②]为了进一步激发读者的学习欲望，我们在本章的最后讨论平衡二叉树的实现中最为普遍的思路之一。

5.4.2 旋转

平衡搜索树的所有常见实现都使用了旋转，这是一种常数时间级的操作，它执行适当次数的局部重新平衡操作，同时保留搜索树的属性。例如，我们可以想象一下怎样把上面的 5 个对象的链式树转换为一棵更平衡的搜索树，这可以通过两个局部重新平衡操作来完成（见图 5.13）：

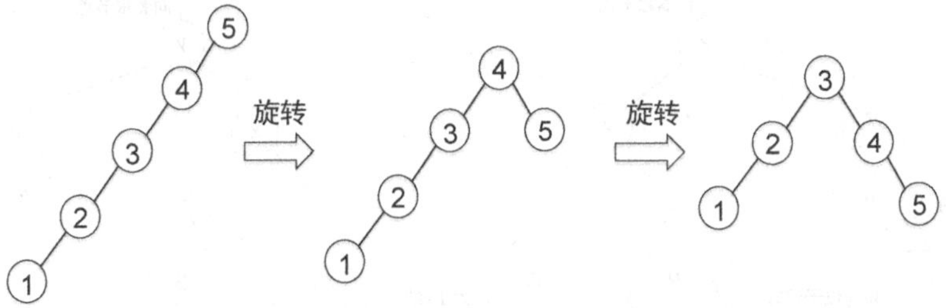

图 5.13 链式树转换为更平衡的搜索树

旋转发生在一对父子节点之间，就是反转它们的关系（图 5.2）。右旋转就是

---

① 这种搜索树的常见类型包括红-黑树、2-3 树、AVL 树、展开树、B 树及 B+树。

② 这方面的标准教科书包括 *Introduction to Algorithms*（《算法入门，第 3 版》MIT Press，2009）的第 13 章（作者为 Thomas H. Cormen、Charles E. Leiserson、Ronald L. Rivest 和 Clifford Stein）及 *Algorithms*《算法，第 4 版》）的 3.3 节（作者为 Robert Sedgewick 和 Kevin Wayne）。关于红-黑树的基础知识，可以在 www.algorithmsilluminated.org 查看视频。

当子节点 y 是它的父节点 x 的左子节点时（因此 y 的键值小于 x）。在旋转之后，x 是 y 的右子节点。当 y 是 x 的右子节点时，进行一次左旋转就可以使 x 成为 y 的左子节点。

搜索树的属性决定了其他细节。例如，考虑一次左旋转，y 是 x 的右子节点。搜索树属性提示了 x 的键小于 y 的键，x 的左子树中的所有键（图 5.14 中的“A”）都小于 x（和 y）的键。y 的右子树中的所有键（图 5.14 的“C”）都大于 y（和 x）的键。y 的左子树中的所有键（图 5.14 中的“B”）都位于 x 和 y 的键之间。在旋转之后，y 继承了 x 的父节点，并把 x 作为它的新左子节点。有一种特殊的方法可以把所有的片段都放回去，同时保留搜索树的属性，因此我们可以凭自己的常识行事。

搜索树中有 3 个自由槽位 A、B 和 C：y 的右子树指针以及 x 的两个子树指针。搜索树属性要求我们把最小的子树（A）作为 x 的左子树，最大的子树（C）作为 y 的右子树。这就只为子树 B（x 的右子树指针）留下了 1 个空槽。很幸运，搜索树的属性仍然得到了满足：这棵子树中的所有键都位于 x 和 y 之间，这棵子树最终成为了 y 的左子树（需要如此）以及 x 的右子树（类似）。

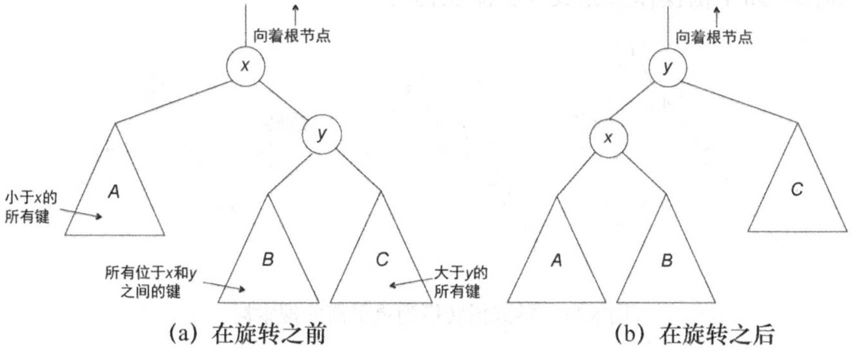

图 5.14 一个实际的左旋转

右旋转就是左旋转的相反操作（见图 5.15）。

由于旋转只是重置了几个指针，因此它可以在常数级的操作时间内完成。通过构建，它保留了搜索树的属性。

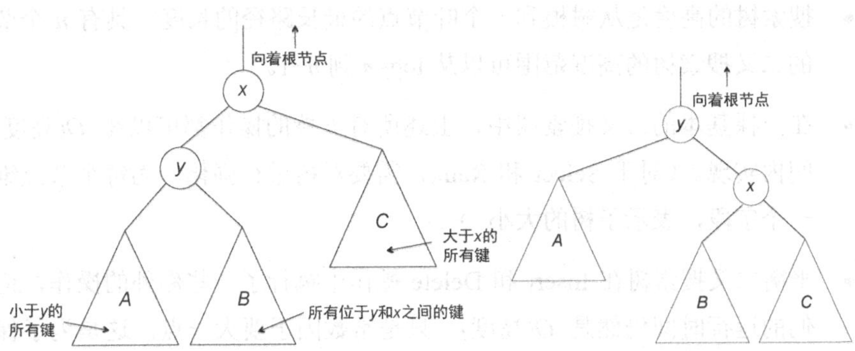

(a) 在旋转之前 (b) 在旋转之后

图 5.15 一个实际的右旋转

Insert 和 Delete 操作都对树进行了修改，它们必须使用旋转。如果没有旋转，这样的操作可能会让树变得更加不平衡。由于单次的插入或删除只可能对搜索树的平衡造成一些破坏，因此用少量常数级或者对数级的旋转纠正新发生的不平衡情况应该是非常合理的。前面所提到的平衡搜索树的实现就是这样做的。旋转操作进行的额外工作为 Insert 和 Delete 操作增加了 $O(\log n)$级的开销，因此它们的整体运行时间仍然是 $O(\log n)$。

5.5 本章要点

- 如果我们的应用需要维护一组不断变化的对象的完全有序的表示形式，那么平衡搜索树通常是适合的数据结构。
- 平衡二叉树支持运行时间为 $O(\log n)$的 Search、Min、Max、Predecessor、Successor、Select、Rank、Insert 和 Delete 操作，其中 n 表示对象的数量。
- 二叉搜索树的每个节点表示一个对象，每个节点都有一个父指针、一个左子树指针和一个右子树指针。
- 搜索树属性表示对于树的每个节点 x，x 的左子树中的键都小于 x 的键，x 的右子树中的键都大于 x 的键。

- 搜索树的高度是从树根到一个叶节点的最长路径的长度。具有 n 个节点的二叉搜索树的高度范围可以从 $\log_2 n$ 到 $n-1$。
- 在一棵基本的二叉搜索树中，上述所有支持的操作都可以在 O(高度)时间内实现。（对于 Select 和 Rank，需要对树进行强化，为每个节点维护一个字段，表示子树的大小。）
- 平衡二叉搜索树在 Insert 和 Delete 操作中执行了一些额外的操作，但它们的运行时间仍然是 O(高度)，只是常数因子要大一点，这是为了保证树的高度总是 $O(\log n)$。

5.6 章末习题

问题 5.1 下面的说法哪些是正确的？（选择所有正确的答案。）

（a）具有 n 个节点的二叉搜索树的高度不可能小于 $\Theta(\log n)$。

（b）二叉搜索树支持的所有操作（除 OutputSorted 之外）的运行时间都是 $O(\log n)$。

（c）堆属性是搜索树属性的一种特殊情况。

（d）二叉平衡搜索树总是比有序数组更为实用。

问题 5.2 有一棵包含 n 个节点的二叉树（通过一个指向根节点的指针访问）。这棵树的每个节点都有一个 *size* 字段（如 5.3.9 节所述），但这些字段目前还没有被填充。计算所有这些字段的正确值需要多长时间？

（a）Θ(高度)

（b）$\Theta(n)$

（c）$\Theta(n \log n)$

（d）$\Theta(n^2)$

编程题

问题 5.3 此题涉及 4.3.3 节的中位维护问题，对堆和搜索树的相对性能进行了探索。

(a) 用自己喜欢的编程语言实现 4.3.3 节中基于堆的中位维护问题解决方案。

(b) 用一棵二叉搜索树以及它的 Insert 和 Select 操作实现这个问题的一个解决方案。

使用哪种实现的速度更快呢？

可以使用现有的堆和搜索树的实现，也可以自己从头实现。（关于测试用例和挑战数据集，可以访问 www. algorithmsilluminated.org。）

第 6 章

散列表和布隆过滤器

在本书的最后一章，我们讨论一种极其实用并且被广泛使用的数据结构，即散列表（又称散列映射）。与堆和搜索树相似，散列表维护一组不断变化的与键相关联的对象（每个对象可能还包含许多其他数据）。与堆和搜索树不同，散列表并不维护与顺序有关的信息。散列表的存在意义是因为它支持超级快速的搜索，在这种场合下又称为查找。散列表可以告诉我们数据结构中是否存在某个对象，并且真的能够做到极端快速（远远快于堆或搜索树）。与往常一样，我们首先讨论散列表所支持的操作（见 6.1 节），然后讨论它的应用（见 6.1 节）以及一些可选的实现细节（见 6.3 节和 6.4 节）。6.5 节和与 6.6 节讨论了布隆过滤器，它与散列表相似，它需要的空间更少，但付出的代价是偶尔会出现错误。

6.1 支持的操作

散列表的存在意义是它能够记录一个不断变化的含键对象的集合，支持快速查找（通过键）。因此，它可以很方便地检查数据结构中是否存在某个对象。例如，如果我们的公司管理了一个电子商务网站，可能会使用一个散列表记录员工信息（也许以员工的姓名为键），并使用另一个散列表存储历史交易（以交易 ID 为键），此外还使用一个散列表保存网站的访问者（以 IP 地址为键）。

从概念上说，我们可以把散列表看成数组。数组的一个良好特性就是它能够提供直接的随机访问。想知道数组第 17 个位置的对象是什么，只要直接访问这个位置就可以了，这只需要常数级的时间。想要修改第 23 个位置的对象的内容，同样可以在常数级时间内轻松完成。

假设我们需要一种数据结构以记住朋友的电话号码。如果运气非常好，所有朋友的父母都很开明，直接用正整数给自己的孩子取名（例如在 1 和 10 000 之间）。在这种情况下，我们可以在一个长度为 1 000 的数组中存储电话号码（一般不需要这么大）。如果最好的朋友的名字是 173，那么他的电话号码就存储在数组的第 173 个位置。

为了忘记一位不再来往的朋友 548，可以用一个默认值覆盖位置 548。这种基于数组的解决方案可以很好地完成任务，即使我们的朋友随着时间的变化不断增加或减少。插入、删除和查找所需要的空间都很小，并且这些操作均可以在常数级的时间内完成。

我们的朋友取的很可能是更为有趣但相对不太方便记录的名字，例如 Alice、Bob 和 Carol 等。我们是不是仍然可以采用基于数组的解决方案呢？原则上，我们可以维护一个数组，用每个可能出现的名字（例如，最多 25 个字母）作为元素的索引。为了查找 Alice 的电话号码，我们可以在数组的“Alice”位置进行查找（图 6.1）。

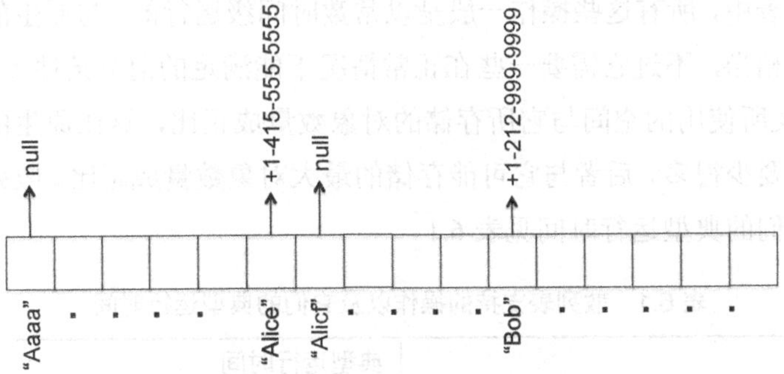

图 6.1 原则上，我们可以用一个长度不超过 25 个字符的字符串作为索引存储朋友的电话号码

小测验 6.1

长度为 25 个字符的字符串一共有多少个？（选择正确的描述。）

（a）比头发的数量还要多。

（b）比现有的网页数量还要多。

（c）比地球上所有的存储空间都要大（以比特为单位）。

（d）比宇宙中原子的数量还要多。

（正确答案和详细解释参见小测验 6.1 的答案。）

小测验 6.1 希望表达的重点是这种解决方案所需要的数组实在是太巨大了！是不是存在一种替代的数据结构能够实现数组的所有功能，也就是常数级的插入、删除和查找，并且使用的空间与它存储的对象数量成正比呢？散列表就是这样的数据结构。

散列表支持的操作

查找（即搜索）：根据一个键 k，返回散列表中一个键值为 k 的对象的指针（或报告不存在这样的对象）。

插入：把一个给定的新对象 x 添加到散列表中。

删除：根据一个键 k，从散列表中删除键值为 k 的那个对象（如果存在）。

在散列表中，所有这些操作一般是以常数时间级运行的，与原生的基于数组的解决方案相当，不过它需要一些在正常情况下能满足的前提条件（在 6.3 节描述）。散列表所使用的空间与它所存储的对象数量成正比，这比原生的基于数组的解决方案要少得多，后者与它可能存储的最大对象数量成正比。散列表支持的操作以及它们的典型运行时间见表 6.1。

表 6.1 散列表支持的操作以及它们的典型运行时间

操作	典型运行时间
Lookup（查找）	$O(1)$*
Insert（插入）	$O(1)$

续表

操作	典型运行时间
Delete（删除）	$O(1)$*

注：星号（*）表示这个运行时间当且仅当散列表具有适当的实现（采用良好的散列函数并且表的大小适宜）并且它所存储的数据是非变态时才有。更多细节参见 6.3 节。

总之，散列表并不支持太多的操作。但是，对于它所支持的操作，其性能是极为出色的。如果查找操作在程序的工作中占据了相当大的份额，那么我们的脑海里应该立刻产生一个想法，这个程序应该使用散列表！

什么时候使用散列表

如果我们的应用需要在一个动态变化的对象集合中进行快速的查找，那么散列表通常就是我们应该选择的数据结构。

小测验 6.1 的答案

正确答案：(c)。这个小测验的重点是让我们对一些极其巨大的数字进行有趣的思考，而不是确认正确的答案本身。我们假设一个字母共有 26 种选择（忽略标点符号、大小写等情况）。这样，一共有 26^{25} 个长度为 25 个字母的字符串，其规模大约是 10^{35}（还包含长度为 24 个字母或更少字母的字符串，但数量远小于 25 个字母的字符串，因此可以当作低阶项被忽略）。一个人的头发数量一般是 10^5 左右。可索引的网页数以十亿计，但实际的网页数量大约是 1 万亿（10^{12}）。地球上的存储空间的总数很难估计，但是在 2018 年，可以确定不会超过 1 尧字节（10^{24} 字节，或大约 10^{25} 比特）。另外，已知宇宙中的原子数量估计大约是 10^{80}。

6.2 散列表的应用

令人难以置信的是，很多不同的应用最终可以简化为反复查找，因此适合使用散列表。早在 20 世纪 50 年代，研究人员所创建的第一个编译器就需要使用符号表，这是一种用于记录程序的变量和函数名称的良好数据结构。发明散列表就是为了这种类型的应用。举一个更为现代的例子，假设有个网络路由器的任务是阻断来自某些 IP 地址（可能是发送垃圾邮件的主机）的数据包。每当一个新的数据包到达时，这个路由器必须查找它的源 IP 地址是否在黑名单中。如果是，它就阻断这个数据包，否则就把这个数据包推送到它的目标地址。同样，这种反复的查找过程正是散列表大显身手的场合。

6.2.1 应用：消除重复

消除重复是散列表的一个经典应用。假设我们正在处理一批海量的数据，这种数据是以流的形式每次到达一小段。例如：

- 我们正在对存储在磁盘上的一个巨型文件进行一次扫描，这个文件所存储的信息可能是一家大型零售公司上年一整年的所有交易；
- 我们正在 Web 中爬行，并处理数以十亿计的 Web 页面；
- 我们正在追踪以迅猛的速度穿过一个网络路由器的数据包；
- 我们正在观察自己的网站的访问者。

在消除重复问题中，我们的责任是忽略所有的重复项，只记录到目前为止所发现的不同的键。例如，除自己网站的访问总数外，我们还可能对曾经访问网站的不同 IP 地址的数量感兴趣。散列表为消除重复问题提供了一种简单的解决方案。

用散列表消除重复

当一个键值为 k 的新对象 x 到达时：

1. 使用 LOOKUP（查找）操作检查散列表中是否已经包含了键值为 k 的对象。
2. 如果答案为否，就使用 Insert（插入）操作把 x 插入到散列表中。

在处理完数据之后，散列表为数据流中的每个键只包含了 1 个对象。[①]

① 在大多数散列表的实现中，可能以任意的顺序以线性时间对它所存储的对象进行迭代。这就允许在消除重复之后对对象进行进一步的处理。

6.2.2 应用：两数之和问题

下一个例子更具学术性，它说明了重复查找是如何在令人惊讶的地方出现的。这个例子是关于两数之和问题的。

问题：两数之和

输入： 包含 n 个整数的未排序数组 A 以及一个目标整数 t。

目标： 判断 A 中是否有两个数 x 和 y 满足 $x+y=t$。[①]

两数之和问题可以通过穷举搜索法解决，也就是尝试所有可能出现的 x 和 y，检查它们之和是否满足要求。每个 x 和 y 都有 n 个选择，因此这是一种平方级运行时间（$\Theta(n^2)$）的算法。

我们可以做得更好。我们所注意到的第一个关键是对于 x 的每一种选择，符合条件的 y 最多只有 1 个（即 $t-x$）。我们为什么不特意寻找这个 y 呢？

两数之和问题（第 1 次尝试）

输入： 包含 n 个整数的数组 A 以及一个目标整数 t。

输出： 如果对于某对 $i, j \in \{1,2,3,\cdots,n\}$，存在 $A[i] + A[j] = t$，则输出 "yes"，否则输出 "no"。

```
for i = 1 to n do
    y := t - A[i]
    if  A包含 y then  //线性搜索
       return "yes"
return "no"
```

这种方法行得通吗？for 循环有 n 次迭代，它在一个未排序数组中搜索一个整数需要线性时间，因此它看上去是另一种平方时间级的算法。但是我们还记得，

① 这个问题有两个稍有区别的版本，取决于 x 和 y 是否必须不同。我们将允许 $x=y$，另一种情况也相似（应该可以进行验证）。

排序是一种低代价的基本算法。为什么不通过排序使所有的搜索充分利用有序数组的便利呢？

两数之和问题（有序数组解决方案）

输入： 包含 n 个整数的数组 A 以及一个目标整数 t。

输出： 如果对于某对 $i,j \in \{1,2,3,\cdots,n\}$，存在 $A[i]+A[j]=t$，则输出"yes"，否则输出"no"。

```
sort A  // 使用排序子程序
for i = 1 to n do
    y := t - A[i]
    if A 包含 y then      // 二分搜索
        return "yes"
return "no"
```

小测验 6.2

两数之和问题基于有序数组的改良实现算法的运行时间是什么？

（a）$\Theta(n)$

（b）$\Theta(n \log n)$

（c）$\Theta(n^{1.5})$

（d）$\Theta(n^2)$

（正确答案和详细解释，参见 6.2.4 节。）

两数之和问题基于有序数组的解决方案相对于原始的穷举搜索发生了巨大的改进，它展示了本系列图书卷 1 中的算法工具所提供的强大力量。但是，我们还可以做得更好。我们所注意到的最后一个事实是，这个算法之所以需要有序数组，是因为算法需要对数组进行快速的搜索。由于这个算法的绝大部分工作最终可以归结为重复查找，所以我们的脑海里应该会产生这样的想法：有序数组有点用力过猛了，这个算法真正需要的是散列表！

两数之和问题（散列表解决方案）

输入：包含 n 个整数的数组 A 以及一个目标整数 t。

输出：如果对于某对 $i,j\in\{1,2,3,\cdots,n\}$，存在 $A[i]+A[j]=t$，则输出 "yes"，否则输出 "no"。

```
H := 空的散列表
for i = 1 to n do
    把 A[i]插入到 H
for i = 1 to n do
    y := t - A[i]
    if H 包含了 y then    // 使用 Lookup
       return "yes"
return "no"
```

假设散列表的实现相当优秀，并且数据也不是变态数据，Insert 和 Lookup 操作一般是以常数时间运行的。在这种情况下，两数之和基于散列表的解决方案是以线性时间运行的。由于任何正确的算法至少必须观察 A 中的每个数字 1 次，所以这已经是最佳的运行时间（最多只能在常数因子上做些改进）。

6.2.3 应用：搜索巨大的状态空间

散列表的用途就是加快搜索的速度。一个需要大量搜索的应用领域是游戏，或者按照更通用的说法就是规划问题。例如，考虑一个对棋子的不同移动分支进行探索的棋类程序。棋子的移动序列可以看成是一个巨型有向图中的不同路径，其中顶点对应于游戏的状态（所有棋子的位置以及现在轮到谁下），边对应于棋子的移动（从一个状态变化为另一个状态）。这种图的规模是天文数字级的（超过 10^{100} 个顶点），因此无法把它们明确记录下来并应用第 2 章以来所描述的任何图搜索算法。一种更可行的替代方案是运行一种类似宽度优先的搜索的图搜索算法，从当前状态出发，对棋子的不同移动的短期结果进行探索，直到到达某个时间限制。为了使这种方法尽可能可行，重要的是避免多次探索同一个顶点，因此搜索算法必须记录它已经访问过的顶点。与前面的消除重复应用一样，这个任务可以很方便地用散列表实现。当搜索算法到达一个顶点时，该算法在一个散列表中对该顶点进行查找。如果这个顶点已经在散列表中，算法就将其跳过并进行回溯。否则，该算法就把这个顶点插入到散列表中并继续进行探索。①②

6.2.4 小测验 6.2 的答案

正确答案：(b)。第一个步骤可以用 MergeSort（见本系列图书卷 1）或 HeapSort（4.3.1 节）③在 $O(n \log n)$时间内实现。for 循环的 n 次迭代中的每一次都可以通过二分搜索法以 $O(\log n)$时间实现。两者相加产生最终的时间边界为 $O(n \log n)$。

*6.3 实现的高层思路

本节讨论散列表的实现中应用了两种重要的高层思路：散列函数（它把键映射到数组中的位置）和冲突（不同的键映射同一个位置），并讨论了常见的冲突解决策略。6.4 节对散列表的实现提供了更详细的建议。

6.3.1 两个简单的解决方案

散列表存储了一个键集合 S（以及相关的数据），这些键来自所有可能出现的键的全集 U。例如，U 可以是 2^{32} 个可能的 IP 地址、长度不超过 25 的所有可能的字符串和所有可能出现的棋盘状态等。集合 S 可能是最近 24 小时内实际访问一个 Web 页面的 IP 地址、朋友的实际姓名集合或者程序在之前 5 秒内所探索的棋盘状态。在散列表的大部分应用中，U 的规模是天文数字级别的，但它的子

---

① 在游戏应用程序中，比较流行的图搜索算法称为 A^*（"A 星"）搜索。A^*搜索算法是 Dijkstra 算法（第 3 章）的一种面向目标的泛化，它在一个边 (v, w) 的 Dijkstra 得分（3.1 节）中增加了一个启发式的从 w 到达一个"目标顶点"所需要的估计成本。例如，如果我们计算从一个特定的起始顶点 w 到一个特定的目的地 t 的行车路线，那么这个启发式的估计值可以是从 w 到 t 的直线距离。

② 花点时间思考一下现代科技，并推测还有什么地方可以使用散列表。应该不需要多长时间就可以想出几个很好的应用！

③ 不存在更快速的实现，至少要采用一种基于比较的排序算法。

集 S 的大小还是可控的。

一种在概念上非常简单的实现 Lookup、Insert 和 Delete 操作的方法就是使用一个很大的数组，数组中的每个元素表示 U 中可能出现的每一个键。如果 U 是较小的集合，例如所有的 3 个字符的字符串（例如用 3 字母代码记录机场的名称），这种基于数组的解决方案是没有问题的，所有操作的运行时间都是常数级的。在 U 极端巨大的许多应用中，这种解决方案是荒唐的，也是完全无法实现的。站在现实的角度，我们只能考虑空间需求与 $|S|$（而不是 $|U|$）成正比的数据结构。

第二种简单的解决方案是把对象存储在链表中。好消息是这个解决方案所使用的空间与 $|S|$ 成正比。坏消息是 Lookup 和 Delete 的运行时间也是与 $|S|$ 成正比，比基于数组的解决方案所支持的常数级时间的操作要差得多。散列表的关键在于它能够同时实现这两种方案的最佳结果，空间需求与 $|S|$ 成正比，操作时间为常数级（表 6.2）。

表 6.2 散列表结合了数组和链表的最佳特性，空间需求与它所存储的对象数量成正比，操作时间为常数级

数据结构	空间	Lookup 的典型运行时间
数组	$\Theta(\|U\|)$	$\Theta(1)$
链表	$\Theta(\|S\|)$	$\Theta(\|S\|)$
散列表	$\Theta(\|S\|)$	$\Theta(1)$*

注：星号（*）表示这个运行时间当且仅当散列表具有适当的实现，并且它所存储的数据是非变态时才成立。

6.3.2 散列函数

为了实现两种方案的最佳结果，散列表模仿了基于数组的简单解决方案，但数组的长度 n 与 $|S|$ 成正比而不是与 $|U|$ 成正比。[①]现在可以大致把 n 看成是 $2|S|$。

散列函数把我们真正关注的东西（例如朋友的姓名、棋盘的状态等）转换为散列表中的位置。按照正式的说法，散列函数是一种从键的全集 U 到数组位置

① 集合 S 随时间而变化，但定期增加数组的长度，使其与 S 的当前大小成正比并不是一件困难的事情（详见 6.4.2 节）。

的集合的函数（图 6.2）。在散列表中，位置通常是从 0 开始编号的，因此数组位置的集合是{0,1,2,…,n−1}。

散列函数

散列函数 h: U→{0,1,2,…,n−1}，对于全集 U 中的每个键，在长度为 n 的数组中为它分配一个位置。

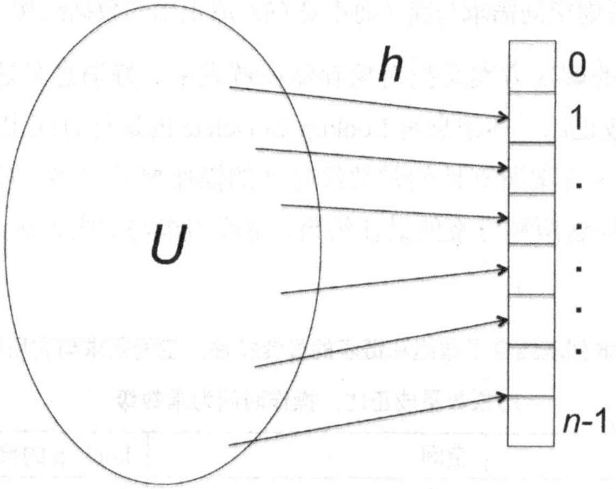

图 6.2 散列函数把全集 U 中可能出现的每个键映射到{0,1,2,…,n−1}中的一个位置。当|U|>n 时，肯定会有两个不同的键被映射到同一个位置

散列函数告诉我们从什么地方开始搜索一个对象。如果我们所选择的散列函数表示 h("Alice")=17，就表示字符串“Alice”被散列到位置 17，因此数组位置 17 就是我们寻找 Alice 的电话号码的起始位置。类似地，位置 17 就是把 Alice 的电话号码插入到散列表中的第一个位置。

6.3.3 冲突是不可避免的

我们可能已经注意到一个严重的问题：如果两个不同的键（例如 Alice 和 Bob）被散列到同一个位置（例如 23），那么会怎么样呢？如果我们寻找的是 Alice 的电话号码，但是在数组的位置 23 所找到的是 Bob 的电话号码，那么我们怎么知道 Alice 的电话号码是否也在这个散列表中呢？如果我们试图把 Alice

的电话号码插入到位置 23，但这个位置此前已经被占据，那么我们应该把它放在哪里呢？

当一个散列函数 h 把两个不同的键 k_1 和 k_2 映射到同一个位置时（即 $h(k_1)=h(k_2)$），这种情况称为冲突。

冲突

对于 U 中的两个键 k_1 和 k_2，如果存在 $h(k_1)=h(k_2)$，它们就出现了冲突。

冲突会导致对象在散列表中的位置产生混淆，我们应该尽可能地减少冲突。为什么不设计一个优秀的不会引发任何冲突的散列函数呢？这是因为冲突是不可避免的，其原因就是鸽笼原理。一个显而易见的事实是，如果鸽笼的数量是正整数 n，无论我们采取什么方式往鸽笼里面塞 $n+1$ 只鸽子，至少有一个鸽笼要装下两只鸽子。因此，当数组的位置数量 n（鸽笼）小于全集 U（鸽子数量）时，无论散列函数（把鸽子分配到鸽笼的方法）有多么智能，至少会导致 1 次冲突（图 6.2）。在大多数散列表应用中（包括 6.2 节的应用），$|U|$要远远大于 n。

散列表的冲突要比鸽笼原理所论证的更加不可避免，其原因就是生日悖论，它是小测验 6.3 的主题。

小测验 6.3

考虑有 n 个生日随机的人，一年 366 天作为每个人生日的可能性是相同的（假设这 n 个人都出生于闰年）。如果任意有两个人同一天生日的概率至少达到 50%，那么 n 需要有多大？

（a）23

（b）57

（c）184

（d）367

（正确答案和详细解释参见 6.3.7 节。）

生日悖论与散列有什么关系呢？我们可以想象一个独立地分配每个键的

散列函数，它统一采用随机的方式把每个键分配到$\{0,1,2,\cdots,n-1\}$中的一个位置。这个散列函数没有什么实用性（参见小测验 6.5），但这种随机函数是我们对实际使用的散列函数进行比较时可以作为参考的黄金准则（参见 6.3.6 节）。生日悖论说明了即使存在这种黄金准则，在一个长度为 n 的散列表中，一旦有一个较小的常数级的 $\sqrt{n}$ 个对象时，就可以看到冲突的出现。例如，当 n =10 000 时，插入 200 个对象就可能导致至少 1 次冲突，即使此时还有 98%的数组位置完全未被使用。

6.3.4 解决冲突的方法：链地址法

由于冲突是无法避免的，所以散列表需要设法解决冲突问题。本节和 6.3.5 节将描述两种主要的方式：独立链地址法（或简称为链地址法）和开放地址法。这两种方法均会导致插入和查找操作的实现一般能够达到常数级运行时间，前提是散列表大小适宜、散列函数选择得当，并且散列表所存储的数据是非变态的（比较表 6.1）。

桶和列表

链地址法很容易实现，并且比较直观。它的关键思路是，默认采用基于链表的解决方案（6.3.1 节）来处理多个对象映射到同一个数组位置的问题（图 6.3）。在链地址法中，数组的位置常常称为桶，因为每个位置可能包含多个对象。这样，Lookup、Insert 和 Delete 操作均可以简化为调用一次散列函数（用于找到正确的桶）以及对应的链表操作。

链地址法

1. 为散列表的每个桶保存一个链表。
2. 为了对键值为 k 的对象执行 Lookup、Insert 和 Delete 操作，在桶 $A[h(k)]$的链表中执行 Lookup、Insert 和 Delete 操作，其中 h 表示散列函数，A 表示散列表的数组。

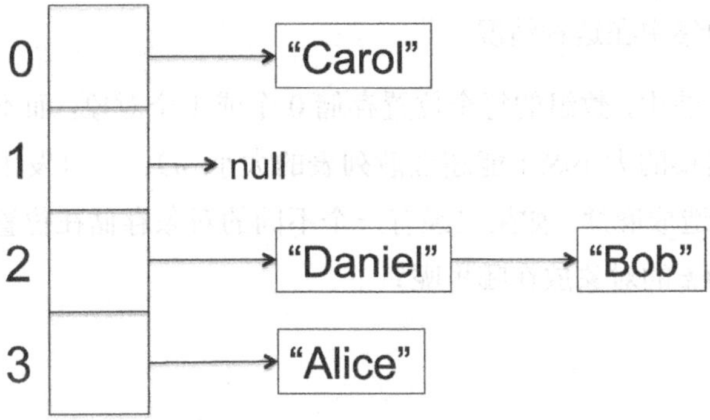

图 6.3 存在冲突的散列表采用链地址法解决冲突，它具有 4 个桶和 4 个对象，字符串 “Bob” 和 “Daniel” 在第 3 个桶（桶 2）发生了冲突。图中只显示了对象的键，没有显示相关联的数据（例如电话号码）

链地址法的性能

只要 h 的调用能够在常数时间内完成，那么 Insert 操作也可以在常数时间内（新对象可以在链表的头部立即插入）完成。Lookup 和 Delete 操作必须对 $A[h(k)]$所存储的链表进行搜索，其时间与链表的长度成正比。为了在采用链地址法的散列表中实现常数时间级的查找，每个桶的链表不能太长，在理想情况下是一个较小的常数。

如果散列表快速增长，链表的长度（和查找时间）就会急剧增加。例如，如果 $100n$ 个对象存储在一个长度为 n 的数组中，一个典型的桶需要对 100 个对象进行筛选。如果散列函数选择不当而产生了大量的冲突，那么也会导致查找时间的增加。例如，在极端情况下，所有的对象都互相冲突，它们被映射到同一个桶中，导致查找时间与数据集的大小成正比。6.4 节详细描述了如何管理散列表的大小以及如何选择适当的散列函数以实现表 6.1 所描述的运行时间边界。

6.3.5 解决冲突的方法：开放地址法

第二种流行的解决冲突的方法是开放地址法。当散列表只需要支持 Insert 和 Lookup（而不需要 Delete）操作时，开放地址法是一种更容易实现和理解的方法。

我们将把注意力集中在这种情况。[1]

在开放地址法中，数组的每个位置存储 0 个或 1 个对象，而不是存储一个链表（因此，数据集的大小$|S|$不能超过散列表的大小 n）。一旦发生冲突，立即就会给 Insert 操作造成麻烦：如果已经有一个不同的对象存储在位置 $A[h(k)]$中，那么应该把键值为 k 的对象放在哪里呢？

探查序列

开放地址法的思路是把每个键 k 与一个位置探查序列相关联，而不是与一个单独的位置相关联。探查序列的第 1 个数字表示首先考虑的位置，第 2 个数字表示在首选位置已经被占据时所考虑的位置，接下来以此类推。对象存储在它的键探查序列中第 1 个未被占据的位置（参见图 6.4）。

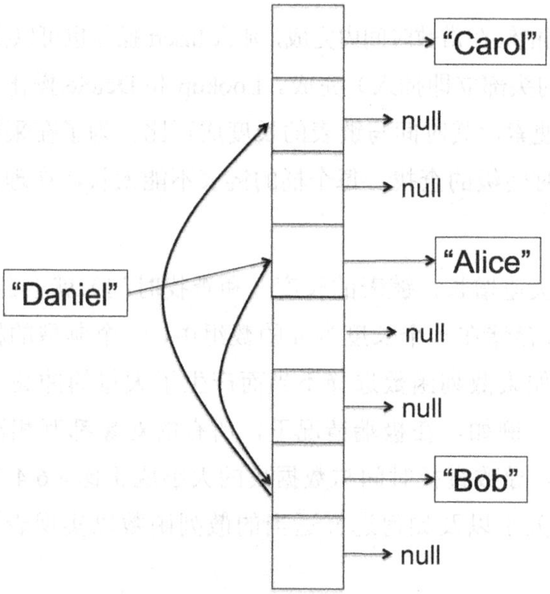

图 6.4 在采用开放地址法解决冲突的散列表中进行插入。“Daniel”的探查序列中的第 1 个位置与“Alice”冲突，第 2 个位置与“Bob”冲突，第 3 个位置是未被占据的空位置

① 大量的散列表应用并不需要 Delete 操作，包括 6.2 节的 3 个应用。

开放地址法

1. Insert：对于一个键值为 k 的对象，对与 k 相关联的探查序列进行迭代，把该对象存储在找到的第 1 个空位置上。

2. Lookup：对于一个键 k，对与该键相关联的探查序列进行迭代，直到找到所需要的对象（此时返回这个对象）或者遇到一个空位置（此时报告“无”）。[1]

线性探查

我们可以采用几种不同的方法，用一个或多个散列函数来定义探查序列。其中比较简单的方法是线性探查。这种方法使用一个散列函数 h，并把键 k 的探查序列定义为 $h(k)$，接着是 $h(k)+1$，然后是 $h(k)+2$，接下来以此类推（到达最后一个位置时回绕到第 1 个位置）。也就是说，这个散列函数指定了插入或查找的起始位置，它们向右进行扫描，直到找到所需要的对象或者一个空位置。

双重散列

一种更为高级的方法是双重散列，它使用了两个散列函数。[2]第 1 个散列函数告诉我们探查序列的第 1 个位置，第 2 个散列函数指定后续位置的偏移量。例如，如果 $h_1(k)=17$ 且 $h_2(k)=23$，那么查找键值为 k 的对象的第 1 个位置是在位置 17。如果在这个位置未能找到，就在位置 40 进行查找。如果还是未能找到，就在位置 63 进行查找，然后是位置 86，接下来以此类推。对于一个不同的键 k'，它的探查序列看上去可能截然不同。例如，如果 $h_1(k)=42$ 且 $h_2(k)=27$，那么探查序列依次是 42、69、96 和 123 等。

---

① 如果遇到一个空位置 i，那么可以确信散列表中不存在键值为 k 的对象。如果存在这样的对象，它要么存储在位置 i，要么存储在 k 的探查序列中更早的一个位置。

② 有几种简单且“粗糙”的方法可以根据一个散列函数 h 定义两个散列函数。例如，如果键是用二进制表示的非负整数，那么根据 h 定义 h_1 和 h_2 的方法可以在给定的键 k 的末尾添加一个新数字（0 或 1）：$h_1(k)=h(2k)$，$h_2(k)=h(2k+1)$。

开放地址法的性能

在链地址法中，查找的运行时间是由桶的链表长度所决定的。在开放地址法中，它是由找到一个空位置或找到待查找对象所需要的典型探查次数所决定的。理解开放地址法的性能要比链地址法困难一些，但我们很容易理解它的性能随着散列表的越来越满而不断下降。如果只有极少量的位置是空的，那么通常需要很长的时间对探查序列进行查找。如果散列函数选择不当而产生大量的冲突，那么也会导致性能的下降（参见小测验 6.4）。如果散列表的大小适宜并且散列函数选择适当，那么开放地址法可以实现表 6.1 中 Insert 和 Lookup 操作的运行时间边界。关于这方面的更多细节，可以参考 6.4 节。

6.3.6 良好的散列函数是怎么样的

无论采用哪种冲突解决策略，散列表的性能都会因为冲突数量的增加而下降。我们应该怎样选择散列函数，使之不会产生太多的冲突呢？

糟糕的散列函数

定义散列函数的方法数不胜数，不同的选择会产生不同的效果。例如，对于笨拙的散列函数选择，它对散列表的性能有什么影响呢？

小测验 6.4

考虑一个长度 $n \geq 1$ 的散列表，h 为散列函数，对于每个键 $k \in U$，都有 $h(k)=0$。假设有一个数据集 S 被插入到这个散列表中，且$|S| \leq n$。接下来的 Lookup 操作的典型运行时间是什么？

（a）链地址法为 $\Theta(1)$，开放地址法为 $\Theta(1)$。

（b）链地址法为 $\Theta(1)$，开放地址法为 $\Theta(|S|)$。

（c）链地址法为 $\Theta(|S|)$，开放地址法为 $\Theta(1)$。

（d）链地址法为 $\Theta(|S|)$，开放地址法为 $\Theta(|S|)$。

（正确答案和详细解释参见 6.3.7 节。）

变态数据集和散列函数的缺陷

我们绝不可能实现小测验 6.4 中的傻瓜式散列函数。反之，我们会想方设法设计出一种“聪明”的散列函数，以保证产生较少的冲突，或者直接在书中寻找散列函数的完美实现。遗憾的是，我无法说明完美的散列函数是怎么样的。每个散列函数，无论它有多么智能，都有自己的缺陷。当一个巨大的数据集中的所有对象都发生冲突时，会导致散列表的性能不尽人意，就像小测验 6.4 所证明的那样。

变态数据集

对于每个散列函数 h，$U\rightarrow\{0,1,2,\cdots,n-1\}$，存在一个大小为$|U|/n$ 的键子集 S，使得每一对键 $k_1, k_2\in S$，都存在 $h(k_1)=h(k_2)$。[①]

看上去有些不可思议，但这只是 6.3.3 节对鸽笼原理的论证的一种归纳。确定一个任意的智能散列函数 h，如果 h 完美地把 U 中的键划分到 n 个位置，则每个位置都正好分配了$|U|/n$个键。否则，同一个位置所分配的键要比$|U|/n$更多。（例如，如果$|U|=200$且 $n=25$，则 h 必须给同一个位置分配至少 8 个不同的键。）在任何情况下，存在一个位置 $i\in\{0,1,2,\cdots,n-1\}$，h 至少向它分配了$|U|/n$ 个不同的键。如果数据集 S 中的键恰好都分配给这个位置 i，则这个数据集中的所有对象都发生了冲突。

上面的数据集 S 是“变态的”，因为这个数据集的目的就是让散列函数“出丑”。我们为什么要关注这样的人为数据集呢？主要原因是它解释了表 6.1 和表 6.2 中散列表操作的运行时间边界的星号。与我们到目前为止所见到的大多数算法和数据结构不同，如果对输入完全不进行任何限制，我们就无法保证实现预期的运行时间。我们能够指望的最好结果是能够保证这些运行时间边界对于“非变态”数据集是成立的，也就是数据集的定义与所选择的散列函数是独立的。[②]

---

① 在散列表的大多数应用中，$|U|$总是远大于 n，这种情况下大小为$|U|/n$ 的数据集是巨大的！

② 考虑随机化的解决方案也是可行的，也可以遵循本系列图书卷 1 中第 5 章提及的随机化 QuickSort 算法的精神。这种方法称为全局散列，它保证对于每个数据集，从一小类散列函数中随机选择的一个散列函数一般会产生较少的冲突。关于这种方法的细节以及具体的例子，可以观看 www.algorithmsilluminated.org 上的相关视频。

好消息是使用一个精心设计的散列函数，实际上并不需要担心变态数据集的问题。但是，安全方面的应用却是这个规则的一个重要应用。[①]

随机的散列函数

变态数据集显示了没有任何一个散列函数能够保证每个数据集的冲突数量都很少。我们能够期望的最好结果是散列函数对于“非变态的”数据集能够实现较少的冲突。[②]

解除散列函数和数据集之间的相关性的一种极端方法是选择一个随机函数，意味着一个散列函数 h 对于每个键 $k \in U$，$h(k)$的值都是独立选择的，是从数组位置$\{0,1,2,\cdots,n-1\}$中统一随机选取的。

当散列表被创建之后，函数 h 只需要选择一次，然后就可以全程使用。从直觉上说，只要数据集 S 的定义与 h 无关，我们就可以期望这样的随机函数一般能够把 S 中的对象大致均匀地散列在 n 个位置中。只要 n 大致等于$|S|$，冲突的数量就是可控的。

小测验 6.5

完全随机的散列函数为什么是不实用的？（选择所有正确的答案。）

（a）实际上它是实用的。

（b）它不具备确定性。

（c）它需要太多的存储空间。

（d）它需要太多的计算时间。

（正确答案和详细解释参见 6.3.7 节。）

---

① Scott A. Crosby 和 Dan S. Wallach 的论文“Denial of Service via Algorithmic Complexity Attacks”（《通过算法复杂度的拒绝服务攻击》，*Proceedings of the 12th USENIX Security Symposium*，2003）描述了一个有趣的案例研究。Crosby 和 Wallach 显示了如何通过巧妙地构建一个变态数据集，生成一个强大的基于散列表的网络入侵系统。

② 小测验 6.4 中的笨拙散列函数对于每个数据集（无论是否为变态数据集）都会导致惊人的性能下降。

良好的散列函数

“良好”的散列函数就是在具备随机函数的优点的同时又没有它的任何缺点。

散列函数的必备特性

1. 调用的开销小，理想情况下为 $O(1)$时间。
2. 存储开销小，理想情况下为 $O(1)$内存。
3. 模仿随机函数的行为，把非变态数据集大致均匀地散布在散列表的各个位置上。

良好的散列函数是什么样的

虽然对良好的散列函数的描述超出了本书的范围，但是我们还是希望看到一些更为具体的指导方针，而不仅仅是上面提及的纯理论知识。

例如，考虑散列表中的键是从 0 到某个很大的整数 M 之间的整数。[①]一种很自然的散列函数选择方案是把键值根据桶的数量 n 进行取模：

$$h(k) = k \bmod n$$

其中，$k \bmod n$ 就是从 k 中反复减去 n，直到结果是一个 0 到 n–1 之间的整数。

好消息是这个函数的调用开销很低，并且不需要存储空间（除记住 n 之外）。[②]坏消息是许多现实世界的键集合并不是按照它们的最低位统一分布的。例如，如果 n=1 000，并且所有的键可能都有相同的末 3 位数字（基数 10），也许是因为一家公司的薪水都是 1 000 的倍数，或者汽车的价格都是以 999 结尾，那么这样所有的键都会被散列到同一个位置。只使用前几位也会导致类似的问题，例如电话号码前几位的国家（或地区）代码和区号可能都是相同的。

---

① 为了在类似字符串这样的非数值数据中利用这个思路，需要首先把数据转换为整数。例如，在 Java 中，hashCode 方法就可以实现这样的转换。

② 存在比反复的减法快得多的方法计算 $k \bmod n$。

接下来的思路是在应用求模操作之前对键进行预处理：

$$h(k) = (ak + b) \bmod n$$

其中 a 和 b 是$\{1,2,\cdots,n-1\}$范围内的整数。这个函数的调用开销也很小，并且存储需求也很低（只需要记住 a、b 和 n）。如果 a、b 和 n 选择得当，那么这个函数足以作为一种简单、实用的原型。但是，在关键的代码中，还是需要使用更为高级的散列函数，我们将在 6.4.3 节进一步讨论这个话题。

总之，在散列函数的设计中，需要考虑的两件比较重要的事情如下。

结论

1. 专家发明了调用开销低且存储需求小的散列函数，其行为类似于实用的随机函数。

2. 设计这样的散列函数极端讲究技巧，如果有可能，应该尽量由专家来完成。

6.3.7 小测验 6.3 至小测验 6.5 的答案

小测验 6.3 的答案

正确答案：(a)。无论读者相信与否，只要有 23 个人在一个房间里，很可能就有两个人具有相同的生日。[①]我们可以进行适当的概率计算，或者通过一些简单的模拟来说服自己相信这个结论。

如果是 367 个人，那么有两个人具有相同生日的概率是 100%（按照鸽笼原理）。但如果是 57 个人，那么这个概率大约是 99%。如果是 184 个人，概率是 99.99…%（9 的数量非常多）。

大多数人会觉得这个答案出人意料，这也是这个例子被称为“生日悖论”[②]的

① 在一个不那么学究气的酒会上，要玩这种猜相同生日的游戏，人数可以多一点，例如最好是有 35 个人。

② “悖论”这个词在这里用于命名有点不恰当，因为这里不存在逻辑上的不一致，只不过大多数人对出现相同生日的概率缺乏良好的直觉而已。

原因。按照更通常的说法，在一颗每年有 k 天的行星上，在 $\Theta(\sqrt{k})$个人中就有50%的概率出现两人的生日相同。[①]

小测验 6.4 的答案

正确答案：（d）。如果用链地址法解决冲突，那么散列函数 h 把 S 中的每个对象散列到同一个桶 bucket0 中。此时，散列表就退化为简单的链表解决方案，Lookup 所需要的时间是 $\Theta(|S|)$。

如果采用开放地址法，就假设散列法使用了线性探查（对于类似双重散列这样的更为复杂的策略，情况也是如此）。$|S|$ 中的第 1 个对象幸运地被分配到数组的位置 0，下一个对象被分配到位置 1，接下来以此类推。Lookup 操作退化为在一个未排序的数组中对前 $|S|$ 个位置进行线性搜索，需要 $\Theta(|S|)$ 的时间。

小测验 6.5 的答案

正确答案：（c）、（d）。从 U 到$\{0,1,2,\cdots,n-1\}$的一个随机函数相当于一个长度为$|U|$的查找表，表中每个元素具有 $\log_2 n$ 个位。当全集极为庞大（在大多数应用中均是如此）时，写出一个这样的函数或者对它进行求值是不切实际的。

我们可以尝试在“需要时才了解”的基础上定义散列函数，在第 1 次遇到键 k 时为 $h(k)$分配一个随机值。

但是，接下来对 $h(k)$的求值首先就要求检查它是否已经被定义。这就归结于对 k 的查找，也是我们需要解决的问题！

---

① 原因是 n 个人并不是表示出现相同生日只有 n 次机会，而是足有$\binom{n}{2}\approx\frac{n^2}{2}$个机会（每一对人都有一个机会）。两个人具有相同生日的概率是 $1/k$，因此当冲突机会的数量大约为 k（当 $n=\Theta(\sqrt{k})$）时，就开始能够看到冲突的发生。

*6.4 更多的实现细节

本节适合希望从头实现自定义散列函数的读者。散列表的设计不存在“万能良方”，因此我只能提供一些高层的指导原则。在设计散列表时，重要的方针是管理散列表的负载、使用一个经过良好测试的现代散列函数以及测试几个候选实现，以确定适合自己的特定应用的实现。

6.4.1 负载和性能

随着散列表所存储的对象的不断增加，它的性能也随之下降。采用链地址法，桶的列表变得越来越长；采用开放地址法，找到一个空槽变得越来越难。

散列表的负载

我们通过负载来测量散列表的负荷：

$$散列表的负载=\frac{存储的对象的数量}{数组长度n} \tag{6.1}$$

例如，在一个采用链地址法的散列表中，它的负载就是散列表中其中一个桶所包含的平均对象数量。

小测验 6.6

下面哪种散列表策略适合大于 1 的负载？

（a）链地址法和开放地址法均可行。

（b）链地址法和开放地址法均不可行。

（c）只有链地址法可行。

（d）只有开放地址法可行。

（正确答案和详细解释参见 6.4.5 节。）

采用链地址法的理想负载

在采用链地址法的散列表中，Lookup 或 Delete 操作的运行时间随着桶列表的长度而变化。在最佳场景中，散列函数把对象均匀散布于各个桶中。如果负载为α，那么这种理想化的场景中每个桶最多有$\lceil \alpha \rceil$个对象。[①]此时 Lookup 或 Delete 操作的运行时间为 $O(\lceil \alpha \rceil)$。只要 $\alpha=O(1)$，它们就是常数时间级的操作。[②]由于良好的散列函数把大多数数据集大致均匀地散布于各个桶中，因此这种最佳场景性能与实际的基于链地址法的散列表实现是能够匹配的（前提是采用良好的散列函数以及非变态的数据集）。[③]

采用开放地址法的理想负载

在采用开放地址法的散列表中，Lookup 或 Delete 操作的运行时间随着寻找一个空槽或待查找对象所需要的时间而变化。见表 6.3，当散列表的负载是α时，它的槽位有α已经被填满，剩余的 $1-\alpha$仍然是空的。在最佳场景中，每次探查都与散列表的内容无关，具有 $1-\alpha$的机会找到一个空槽。在这种理

---

① $\lceil x \rceil$这种记法表示“天花板”函数，它把参数向上取整为最接近的整数。

② 我们之所以不厌其烦地写成 $O(\lceil \alpha \rceil)$而不是 $O(\alpha)$，只是为了处理α接近于 0 的情况。每个操作的运行时间总是$\Omega(1)$，无论α有多小。如果没有其他情况，那么总是只需要调用 1 次散列函数。另外，我们也可以用 $O(1+\alpha)$的写法代替 $O(\lceil \alpha \rceil)$。

③ 下面是向数学基础较好的读者提供的更多数学上的论证。良好的散列函数对随机函数的行为进行了模仿，因此我们向前迈出一步，假设散列函数 h 统一按照随机的方式独立地把每个键分配给散列表的 n 个桶之一。（关于这种启发式假设的更多细节，参见 6.6.1 节。）假设所有对象的键都是不同的，并且键 k 由 h 映射到位置 i。根据我们的假设，对于散列表中的其他每个键 k'，h 把 k'也映射到位置 i 的概率是 $1/n$。在数据集 S 的总共$|S|$个键中，与 k 共享同一个桶的预期键数是$|S|/n$，这个数量也就是我们所了解的负载α。（从技术上说，这个结论遵循了线性期望值以及本系列图书卷 1 中 5.5 节所描述的“分解蓝图”。）因此，一个键值为 k 的对象的 Lookup 操作的期望运行时间是$\lceil x \rceil$。

想化的场景中，需要的预期探查数量是$\frac{1}{1-\alpha}$。[①]如果α与1相隔较远，例如70%，那么所有操作的理想化运行时间是$O(1)$。这种最佳场景的性能与采用双重散列或其他高级探查序列的实际散列表实现大致是匹配的。如果使用线性探查，那么对象可能会聚集在连续的槽位中，这会导致更长的操作时间，即使在理想化的场景中大约也需要$\frac{1}{(1-\alpha)^2}$。[②]只要α显著地少于100%，这仍然是一种$O(1)$级的操作。

表6.3 散列表的理想化性能与负载α的关系及其冲突解决策略[③]

冲突解决策略	Lookup的理想化运行时间
链地址法	$O(\lceil\alpha\rceil)$
双重散列	$O\left(\frac{1}{1-\alpha}\right)$
线性探查	$O\left(\frac{1}{(1-\alpha)^2}\right)$

6.4.2 管理散列表的负载

插入和删除操作会改变式（6.1）中的分子，散列表的实现应该对分子进行更新以保持步调。一个实用的经验是定期更改散列表的数组长度，使散列表的负载保持在70%以下（或更低，取决于应用以及所采用的冲突解决策略）。然后，在散列函数选择得当以及非变态数据集的前提下，大多数常见的冲突解决策略一

① 这有点类似抛硬币试验：如果一枚硬币有p的概率正面朝上，在第1次看到硬币的正面之前平均需要抛掷多少次？（对于我们来说，$p=1-\alpha$。）正如本系列图书卷1中6.2节所述（或在网络中搜索"几何随机变量"），其答案是$\frac{1}{p}$。

② 这个看上去极不明显的结果最初来自算法分析之父Donald E. Knuth。他对此留有深刻印象："我最早是在1962年对下面这个引申结论进行了阐述……事实上，正是从那个时候开始，对算法的分析成了我生活的主题。"[Donald E. Knuth，"The Art of Computer Programming"（《计算机编程的艺术》）第3卷，第2版，Addison-Wesley，1998，第536页]。

③ 关于不同冲突解决策略的性能如何因散列表的负载而异的更多细节，可以观看www.algorithmsilluminated.org中的相关视频。

般能实现常数时间级的散列表操作。

更改数组长度的简单方法是记录散列表的负载，当它到达 70%时把桶的数量 n 扩充一倍。然后，所有的对象重新散列到这个新的、更大的散列表（现在它的负载是 35%）。另外，如果一连串的删除操作导致散列表的负载太低，那么也可以相应缩小散列表的数组以节省空间（所有剩余的对象重新散列到这个更小的散列表中）。这种更改数组大小的操作比较费时，但在绝大多数应用中，并不需要经常执行这种操作。

6.4.3 选择散列函数

设计良好的散列函数是一门既困难又神秘的艺术。我们很容易设计出一些看上去非常合理的散列函数，但实际上它们存在一些微妙的缺陷，导致散列表的性能不佳。由于这个原因，我不建议读者从零开始设计散列函数。

幸运的是，一些聪明的程序员已经为我们设计了一些经过充分测试并且公开可用的散列函数，供我们在自己的工作中使用。

我们应该使用哪个散列函数呢？向 10 名程序员询问这个问题，至少会得到 11 种不同的答案。由于不同的散列函数在不同的数据分布中具有不同的效果，因此我们应该在自己的特定应用和运行环境中对几种先进的散列函数的性能进行比较。在本书写作之时（2018 年），可以作为良好的探索起点的散列函数包括 FarmHash、MurmurHash3、SpookyHash 和 MD5。这些都是非加密的散列函数，因此它们在设计时并没有考虑像 Crosby 和 Wallach（参见第 158 页的脚注①这样的恶意攻击。）①加密的散列函数更为复杂，速度相比非加密散列函数也要慢一些，但它能够防御上述攻击。②这类散列函数的一个良好起点是散列函数 SHA-1 以及像 SHA-256 这样的更新版本。

---

① MD5 最初设计时作为一种加密散列函数，但现在不再考虑安全问题。

② 所有的散列函数（甚至包括加密散列函数）都存在变态数据集的问题（6.3.6 节）。加密散列函数具有特殊的属性，通过计算的方式对变态数据集进行反向工程是不可行的，其原理类似于无法通过计算的方式对大整数进行分解以破坏 RSA 公钥加密系统。

6.4.4 选择冲突解决策略

对于冲突解决，链地址法和开放地址法哪种更好？在采用开放地址法时，是使用线性探查、双重散列还是其他技巧呢？与往常一样，当我展示一个问题的多个解决方案时，答案总是“取决于具体情况”。例如，链地址法所需要的空间要大于开放地址法（用于存储链表中的指针），因此在空间需求是优先考虑因素的场合中，后者可能更为合适。删除操作在开放地址法中要比在链地址法中更为复杂，因此在需要大量删除的场合必然更适合采用链地址法。

将线性探查与更复杂的开放寻址实现（如双重散列）进行比较也并不简单。由于线性探查会在散列表中形成更大的连续对象块，因此比更高级的方法需要更多的探查。但是，这种成本很容易被它与运行环境的内存层次结构的友好交互所抵消。与选择散列函数一样，对于任务关键的代码，没有什么可以替代编写多个相互竞争的实现并查看哪个实现最适合您的应用程序。

6.4.5 小测验 6.6 的答案

正确答案：(c)。由于采用开放地址法的散列表在每个数组位置最多只存储1个对象，因此它们的负载绝不可能超过1。当负载为1时，就不可能再插入任何对象。

在采用链地址法的散列表中，可以插入任意数量的对象，尽管散列表的性能会随着插入对象数量的增加而下降。例如，如果负载是100，则一个桶列表的平均长度也是100。

6.5 布隆过滤器的基础知识

布隆过滤器是散列表的“近亲”。[①]它具有极高的空间效率，但作为代价，它

① 根据它的发明者而取名，可以参阅 Burton H. Bloom 的论文“Space/Time Trade-offs in Hash Coding with Allowable Errors”（《容许错误下散列码的空间/时间权衡》，*Communications of the ACM*，1970）。

有时会出现错误。本节讨论布隆过滤器适用于哪些场合以及它们的实现方式。6.6 节将描绘布隆过滤器的空间效率与假阳性率之间的权衡曲线。

6.5.1 布隆过滤器支持的操作

布隆过滤器的存在价值本质上与散列表相同：非常快的插入和查找速度，使我们能够快速记忆已经发现和未发现的对象。为什么我们要为另一个具有相同操作集的数据结构而烦恼呢？因为布隆过滤器在空间要求特别严苛并且允许偶尔出现错误的场合中的性能要优于散列表的。

与采用开放地址法的散列表相似，当布隆过滤器只支持插入和查找（不包括删除）操作时更容易实现和理解。我们将把注意力集中在这种情况。

布隆过滤器支持的操作

Lookup：对于一个键 k，如果 k 此前已经被插入到布隆过滤器中，就返回“yes”，否则返回“no”。

Insert：在布隆过滤器中添加一个新键 k。

布隆过滤器具有极高的空间效率。在一个典型的用例中，布隆过滤器每次插入只需要 8 个位。这确实有点不可思议，因为 8 个位甚至远远不足以保存一个 32 位的键或指向一个对象的指针！这也是布隆过滤器的 Lookup 操作只返回“yes”或“no”的原因。在散列表中，这个操作返回指向待寻找对象的指针（如果找到）。这也是布隆过滤器的 Insert 操作只接收一个键而不是一个对象（或指向一个对象的指针）为参数的原因。

与我们所讨论的其他所有数据结构不同的是，布隆过滤器有时会出错。它可能出现两种不同类型的错误：一种是假阴性，即 Lookup 在待查找的键此前已经插入的情况下仍然返回“no”；另一种是假阳性，即在待查找的键此前从未被插入的情况下返回“yes”。我们将在 6.5.3 节中看到，基本的布隆过滤器绝不会出现假阴性，但可能以假阳性的形式存在“幽灵元素”。6.6 节描述了假阳性的出现频率可以通过适当地调整空间使用率进行控制。一个典型的布隆过滤器实现的出错率大约为 1%或 0.1%。

Insert 和 Lookup 操作的运行速度与散列表一样快。而且，这些操作保证能够在常数时间内运行，与布隆过滤器的实现以及数据集无关。[①]但是，布隆过滤器的实现和数据集会影响它的错误发生率。

布隆过滤器相对于散列表的优势和劣势总结如下。

布隆过滤器对比散列表

1. 优势：空间效率更高。
2. 优势：对于每个数据集，都能保证常数级的操作时间。
3. 劣势：无法存储指向对象的指针。
4. 劣势：相比采用链地址法的散列表，布隆过滤器的删除操作非常复杂。
5. 劣势：有时会出现假阳性。

基本的布隆过滤器的成绩表如表 6.4 所示。

表 6.4 基本的布隆过滤器支持的操作以及它们的运行时间

操作	运行时间
Lookup	$O(1)^{\dagger}$
Insert	$O(1)$

注：匕首符号（†）表示 Lookup 操作存在可控但非零的假阳性概率。

布隆过滤器应该在那些能够充分发挥其优势，同时它的缺点又不是特别致命的场合使用。

什么时候适合使用布隆过滤器

如果我们的应用需要对一个动态变化的对象集合进行快速查找，同时需要优先考虑空间问题，并且允许出现少量的假阳性情况，这种情况就适合使用布隆过滤器。

① 前提是散列函数的调用是常数时间级的，并且每个插入的键占据常数级的位数。

6.5.2 布隆过滤器的应用

接下来的 3 个应用需要进行反复查找，并且节省空间是极为重要的，而偶尔出现的假阳性情况并不致命。

拼写检查。早在 20 世纪 70 年代，布隆过滤器就用于实现拼写检查。在一个预处理步骤中，一个字典中的所有单词被插入到一个布隆过滤器中。对文档进行的拼写检查最终可以归结为在文档中查找每个单词，对该操作返回“no”的所有单词都加上标志。

在这种应用中，假阳性对应于拼写检查器偶尔接受的一个非法单词。这种错误并不是很理想的情况。但是，在 20 世纪 70 年代早期，空间需求是要优先考虑的，因此当时适合在实现拼写检查时使用布隆过滤器。

禁用密码。一项当前仍然普遍存在的古老应用是记录禁用密码，也就是过于普通或太容易猜测的密码。一开始，所有的禁用密码都插入到一个布隆过滤器中。未来的禁用密码可以根据需要再行插入。当用户试图设置或重置他们的密码时，系统就会在布隆过滤器中查找用户所输入的密码。如果 Lookup 操作返回“yes”，就要求用户尝试一个不同的密码。在这种场合，假阳性相当于系统所拒绝的一个强密码。只要假阳性率不是很高（例如最多不超过 1%或 0.1%），就没有大碍。用户偶尔需要多试 1 次才能找到系统可以接受的一个密码。

Internet 路由器。当前，布隆过滤器的许多专业级应用出现在 Internet 的核心，即数据包以极快的速度通过路由器的地方。出于很多原因，路由器可能希望快速回看它在过去所看到的东西。例如，路由器可能想在一个被阻塞的 IP 地址列表中查找一个数据包的源 IP 地址、记录一个缓存的内容以避免伪装的缓存查找，或者维护统计信息帮助确认一次拒绝服务攻击等。数据包的到达速率需要进行超级快速的查找，而极其有限的路由器内存也把空间需要放在重要位置，而这正是布隆过滤器大显身手的场合。

6.5.3 布隆过滤器的实现

观察布隆过滤器的幕后工作机制，会发现它具有良好的实现。它的数据结构维

护一个 n 位的字符串，相当于一个长度为 n 并且每个元素非 0 即 1 的数组 A（所有元素初始为 0)。这个结构还使用了 m 个散列函数 $h_1,h_2,\cdots,h_m$，每个散列函数把所有可能出现的键全集 U 映射到数组位置的集合$\{0,1,2,\cdots,n-1\}$。参数 m 与布隆过滤器在每次插入时所使用的位数成正比，一般是一个较小的常数（例如 5)。[①]

每次当一个键被插入到一个布隆过滤器时，m 个散列函数中的每一个均会植入一个标志，方法是把数组 A 中的对应位设置为 1。

布隆过滤器：Insert（给定的键 k）

```
for i = 1 to m do
    A[h_i(k)] := 1
```

例如，如果 m=3 并且 $h_1(k)$=23、$h_2(k)$=17、$h_3(k)$=5，那么插入 k 会导致数组第 5 个、第 17 个和第 23 个位被设置为 1（图 6.5)。

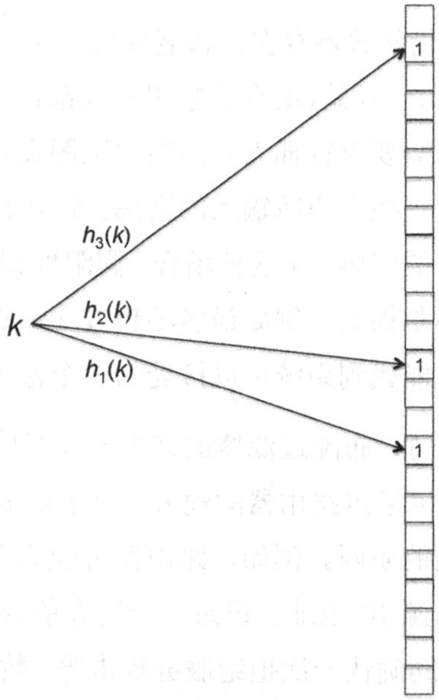

图 6.5 把一个新的键插入到布隆过滤器，使位置 $h_1(k),\cdots,h_m(k)$中的位被设置为 1

① 6.3.6 节和 6.4.3 节提供了如何选择散列函数的指导方针。第 155 页的脚注②描述了一种简易的从一个散列函数推导出两个散列函数的方法。这个思路也可以用于从一个散列函数推导出 m 个散列函数。另一种方法来源于双重散列，通过公式 $h_i(k)=(h(k)+(i-1)\cdot h'(k)) \bmod n$，使用两个散列函数 h 和 h'来定义 $h_1,h_2,\cdots,h_m$。

在 Lookup 操作中，布隆过滤器寻找 k 的插入所留下的足迹。

布隆过滤器：Lookup（给定的键 k）

```
for i = 1 to m do
    if A[h_i(k)] = 0 then
        return "no"
return "yes"
```

现在，我们可以明白为什么布隆过滤器不可能产生假阴性。当一个键 k 被插入时，相关的 m 个位被设置为 1。在布隆过滤器的生命周期内，位的值可能从 0 变成 1，但绝不可能从 1 变成 0。因此，这 m 个位会一直保留为 1。每次后续的针对 k 的 Lookup 操作保证能够返回正确的答案“yes”。

我们还可以明白为什么可能出现假阳性。假设 m=3 并且 4 个键 k_1、k_2、k_3 和 k_4 具有下面的散列值。

键	h_1 的值	h_2 的值	h_3 的值
k_1	23	17	5
k_2	5	48	12
k_3	37	8	17
k_4	32	23	2

假设我们在布隆过滤器中插入 k_2、k_3 和 k_4（见图 6.6）。这 3 次插入导致总共有 9 个位被设置为 1，包括 k_1 的足迹中的 3 个位（5、17 和 23）。此时，布隆过滤器无法再判断 k_1 是否已经被插入。即使 k_1 此前从来没有被插入到过滤器中，针对它的 Lookup 操作也将返回“yes”，这样就出现了假阳性。

根据常识来说，当我们增加布隆过滤器的大小 n 时，不同键的足迹之间的重叠应该会减少，从而导致更低的假阳性率。但布隆过滤器的首要目标是节省空间。有没有妙招可以使 n 和假阳性率同时保持很小呢？答案并不是显而易见的，需要一些数学分析，6.6 节将对此进行深入讨论。①

---

① 剧透警告：答案是肯定的。例如，每个键使用 8 个位会导致假阳性的发生率一般大约为 2%（假设选择了适当的散列函数并且数据集是非变态的）。

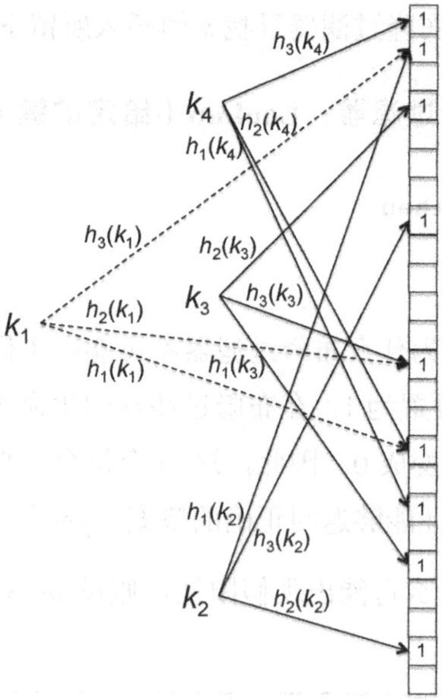

图 6.6 假阳性：布隆过滤器可能导致键 k_1 的足迹，即使 k_1 从来没有被插入

*6.6 布隆过滤器的启发式分析

本节的目标是理解布隆过滤器的空间效率和假阳性率之间的量化权衡。也就是说，随着数组长度的增加，假阳性率的下降速度是怎么样的？

如果一个布隆过滤器使用了一个长度为 n 位的数组，并存储了一个键集合 S（足迹），则每个键所使用的存储空间用位来表示：

$$b = \frac{n}{|S|}$$

我们感兴趣的情况是 b 明确地小于存储一个键或一个指向对象的指针所需要的位数（一般是 32 位或更多）。例如，b 可以是 8 或 16。

6.6.1 启发式假设

每个键的存储空间 b 和假阳性率之间的关系并不容易猜测。要得到比较明确的结论，需要一些概率计算。为了理解它们之间的关系，我们需要记住的概率理论是：两个独立事件同时发生的概率等于它们单独发生的概率的乘积。

例如，两次独立地抛掷一个 6 面骰子，第 1 次抛出 4，第 2 次抛出的数字为奇数的概率是 $\frac{1}{6}\times\frac{3}{6}=\frac{1}{12}$。①

为了极大地简化计算过程，我们将提出两个未证实的假设，与我们在散列表性能的启发式分析（6.4.1 节）中所使用的假设相同。

未证实的假设

1. 对于数据集中的每个键 $k\in U$ 和布隆过滤器的散列函数 h_i，$h_i(k)$是均匀分布的，数组的 n 个位置都有相同的概率。

2. 对于所有的 $h_i(k)$，包括所有的键 $k\in U$ 和散列函数 $h_1,h_2,\cdots,h_m$ 都是独立的随机变量。

第一个假设表示对于每个键 k、每个散列函数 h_i 以及每个数组位置 $q\in\{0,1,2,\cdots,n-1\}$，$h_i(k)=q$ 的概率正好是 $\frac{1}{n}$。第二个假设提示了 $h_i(k_1)=q$ 且 $h_j(k_2)=r$ 的概率是这两个独立概率的乘积，也就是 $\frac{1}{n^2}$。

如果我们像 6.3.6 节的做法一样，独立地从所有可能的散列函数集合中随机地选择布隆过滤器的每个散列函数，那么这两个假设都是合理的。完全随机的散列函数是不可实现的（回顾小测验 6.5），因此我们实际使用的是一种固定的“类似随机”的函数。这意味着在现实中，我们的启发式假设是错误的。由于采用了固定的散列函数，因此每个值 $h_i(k)$是完全确定的，不存在随机性。这也是我们把这种分析称为“启发式”的原因。

① 关于概率理论的更多背景知识，可以阅读“算法详解”系列图书的第 1 卷的附录 B 或者在网络中查找关于离散概率的内容。

关于启发性分析

在错误假设的基础上进行的数学分析有什么用处呢？在理想情况下，分析的结论在实际情况下仍然是正确的，即使它并不满足启发式假设的条件。对于布隆过滤器，只要数据是非变态的并且使用了设计精巧的“类似随机”的散列函数，那假阳性率与采用完全随机的散列函数就是差不多的。

我们总是应该对启发式分析保持怀疑，并确保用具体的实现对它的结论进行测试。令人愉快的是，实证研究证实了布隆过滤器的假阳性率实际上与我们的启发式分析的预测是相符的。

6.6.2 部分位被设置为 1

我们首先从一个基本的计算开始。

小测验 6.7

假设有一个数据集 S 被插入到一个布隆过滤器中，后者使用了 m 个散列函数和一个长度为 n 的位数组。根据我们的启发式假设，数组的第 1 个位被设置为 1 的概率是多少？

（a）$\left(\frac{1}{n}\right)^{|S|}$

（b）$\left(1-\frac{1}{n}\right)^{|S|}$

（c）$\left(1-\frac{1}{n}\right)^{m|S|}$

（d）$1-\left(1-\frac{1}{n}\right)^{m|S|}$

（正确答案和详细解释参见 6.6.5 节。）

布隆过滤器的第 1 位并没有特殊之处。从对称的角度来看，小测验 6.7 的答案同时也是第 7 位、第 23 位或第 42 位被设置为 1 的概率。

6.6.3 假阳性率

小测验 6.7 的答案看上去有点复杂。为了理清头绪，我们可以利用一个结论，即当 x 接近于 0 时，e^x 充分逼近 $1+x$，其中 e≈2.718…是自然对数的底。只要绘制这两个函数的图形，就可以清晰地看到这个结论，如图 6.7 所示。

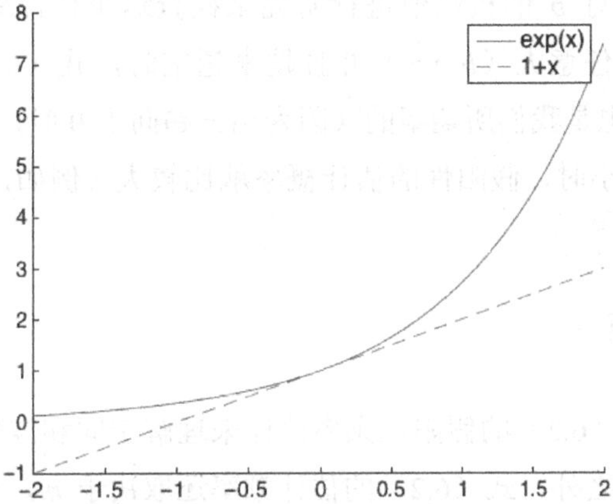

图 6.7 两个函数的图形

对我们来说，x 的相关值是 $x=-\frac{1}{n}$，它接近于 0（忽略 n 很小的无关情况）。因此，我们可以使用下面的数量关系：

$$1-(e^{-1/n})^{m|S|} \text{ 可以看成 } 1-\left(1-\frac{1}{n}\right)^{m|S|}$$

我们可以进一步把式子的左边简化为：

$$1-e^{-m|S|/n}=\underbrace{1-e^{-m/b}}_{\text{给定位为 1 时的概率估计}},$$

其中 $b=\frac{n}{|S|}$ 表示每次插入所使用的位数。

很好，但假阳性率又如何呢？假阳性发生在某键 k 并不在 S 中，但是它的足迹中的所有 m 个位 $h_1(k),\cdots,h_m(k)$ 均被 S 中的键设置为 1 的时候。[①]由于一个特定的位被设置为 1 的概率大约是 $1-e^{-m/b}$，因此所有 m 个位被设置为 1 的概率大约是：

$$\underbrace{\left(1-e^{-\frac{m}{b}}\right)^m}_{\text{假阳性频率估计}} \tag{6.2}$$

我们可以通过对 b 的极端值进行研究来检查这个估计概率的准确性。当布隆过滤器增长到任意大（$b\to\infty$）并且越来越空时，式（6.2）的估计概率越来越趋近于 0，这也是我们所期望的（因为当 x 趋向于 0 时，e^{-x} 趋向于 1）。反过来说，当 b 非常小时，假阳性的估计概率就比较大（例如，当 $b=m=1$ 时，假阳性率≈63.2%）。[②]

6.6.4 结束语

我们可以用式（6.2）的假阳性频率估计来理解空间和准确性之间的权衡。除每个键的空间 b 之外，式（6.2）的估计频率还取决于 m，也就是布隆过滤器所使用的散列函数的数量。m 的值完全是由布隆过滤器的设计者所控制的，因此为什么不在设计时尽量减少错误的估计频率呢？也就是说，只要 b 是固定的，我们就可以选择合适的 m，使式（6.2）的值最小化。微分可以用于确认合适的 m 值。对式（6.2）进行求导，让导数为 0，然后求出 m，该值就是合适的 m。我们可以自己进行这样的计算，最终算出来的结果$(\ln 2)\cdot b\approx 0.693\cdot b$ 就是 m 的优先选择。这个值并非整数，因此可以向上或向下取整，从而得到函数散列的理想数量。例如，当 $b=8$ 时，散列函数的数量 m 应该是 5 或 6。

---

① 简单起见，我们假设 m 个散列函数中的每一个把 k 散列到一个不同的位置（通常情况下如此）。

② 除这两个启发式假设之外，这个分析还创建了两个假设。首先，$e^{-1/n}$ 并不正好是 $1-\frac{1}{n}$，但是很接近。其次，即使在我们的启发式假设中，布隆过滤器的两个不同位的值并不是独立的，知道了一个位是 1 之后，另一个位是 0 的概率要稍微大一点，但非常接近。两者都是真实值的近似（根据启发式假设），无论是数学上还是经验上，均可以证实为准确结论。

现在，我们可以通过 m 的优化选择 $m=(\ln 2)\cdot b$ 对式（6.2）中的估计值进行具体化，得到估计概率

$$\left(1-e^{-\ln 2}\right)^{(\ln 2)\cdot b}=\left(\frac{1}{2}\right)^{(\ln 2)\cdot b}$$

这正是我们所需要的公式，它把假阳性率的预期值整理为一个我们更愿意使用的关于空间数量的函数。[①]这个公式的值随着每个键的空间 b 的增加而呈指数级下降，这也是能够同时存在较小的布隆过滤器和较低的假阳性率的“甜蜜”空间的原因。例如，如果每个键只存储 8 个位（$b=8$），那么这个估计频率只是稍稍大于 2%。如果取 $b=16$，情况又会如何呢？（参见问题 6.3。）

6.6.5 小测验 6.7 的答案

正确答案：（d）。我们可以把 S 中的键插入到布隆过滤器的过程看成往包含 n 个区域的飞镖盘上掷飞镖，每个飞镖落到每个区域的可能性是相同的。由于布隆过滤器使用了 m 个散列函数，因此每次插入对应于掷 m 个飞镖，总共是 $m|S|$次。一个飞镖击中第 i 个区域对应于把布隆过滤器中的第 i 位设置为 1。

根据第 1 个启发式假设，对于每个键 $k\in S$ 和 $i\in\{1,2,\cdots,m\}$，一个飞镖击中第 1 个区域（也就是 $h_i(k)=0$）的概率是 $\frac{1}{n}$。因此，这个飞镖未击中第 1 个区域而击中其他区域的概率为 $1-\frac{1}{n}$。根据第 2 个启发式假设，不同的飞镖是独立的。因此，每个飞镖都未击中第 1 个区域（对于每个键 $k\in S$ 且 $\in\{1,2,\cdots,m\}$，$h_i(k)\neq 0$）的概率是 $\left(1-\frac{1}{n}\right)^{m|S|}$。剩下的概率 $1-\left(1-\frac{1}{n}\right)^{m|S|}$ 就是至少有 1 个飞镖击中第 1 个区域（即布隆过滤器的第 1 位被设置为 1）的概率。

---

① 按照等价的说法，如果我们对假阳性的频率有一个目标值 ε，则每个键的存储空间至少应该是 $b\approx 1.44\log_2\frac{1}{\varepsilon}$。正如我们所预料的那样，目标错误率 ε 越小，空间需求就越大。

6.7 本章要点

- 如果我们的应用需要在一个不断变化的对象集中进行快速查找，那么散列表通常是适用的数据结构。
- 散列表支持 Insert 和 Lookup 操作，在某些情况下还支持 Delete 操作。对于设计良好的散列表和非变态的数据集，所有的操作一般以 $O(1)$的时间运行。
- 散列表使用散列函数将对象的键转换为数组中的位置。
- 在两个键 k_1 和 k_2 应用于散列函数 h 时，如果 $h(k_1)=h(k_2)$，它们就出现了冲突。冲突是不可避免的，散列表需要采取策略解决冲突，例如链地址法或开放地址法。
- 良好的散列函数具有调用开销低、存储空间需求小等优点，它还能够通过把非变态数据集中的对象大致均匀地分布于散列表数组的各个位置来模拟随机函数。
- 专家们创建了许多优秀的散列函数，我们可以在自己的工作中直接使用它们。
- 散列表应该定期更改大小，使它的负载一直较小（例如小于 70%）。
- 对于关键任务的代码，我们必须对几种候选散列表实现进行比较，选择最合适的那种。
- 布隆过滤器支持常数级时间的 Insert 和 Lookup 操作。在空间需求是重要考虑因素的应用且偶尔出现的假阳性错误并不会产生致命的影响的应用程序中，布隆过滤器更可取。

6.8 章末习题

问题 6.1 下面哪一个并不是设计良好的散列函数应该具备的属性？

（a）散列函数应该把每个数据集大致均匀地散布在它的范围内。

（b）散列函数应该很容易计算（常数级的时间或接近常数级）。

（c）散列函数应该很容易存储（常数级的空间或接近常数级）。

（d）散列函数应该把大多数数据集大致均匀地散布在它的范围内。

问题 6.2 事实上，良好的散列函数模仿了随机函数的黄金准则，因此研究随机函数所发生的冲突是一件有趣的事情。如果两个不同的键 $k_1,k_2 \in U$ 的位置是独立选择的，而且是在 n 个数组位置中统一随机选择的（所有位置的可能性相同），那么 k_1 和 k_2 出现冲突的概率有多大？

（a）0

（b）$\frac{1}{n}$

（c）$\frac{2}{n(n-1)}$

（d）$\frac{1}{n^2}$

问题 6.3 我们在 6.6 节对布隆过滤器的启发式分析进行了解释，把它假定为当每个键插入到过滤器时使用 8 个位的空间。假设我们愿意使用双倍的空间（每次插入时使用 16 位），根据启发式分析，对应的假阳性率会有什么变化？假设散列表的数量 m 也是优化设置的。（选择正确的答案。）

（a）假阳性率将低于 1%。

（b）假阳性率将低于 0.1%。

（c）假阳性率将低于 0.01%。

（d）假阳性率将低于 0.001%。

编程题

问题 6.4 用自己喜欢的编程语言实现 6.2.2 节提及基于散列表的两数之和问题的解决方案。例如，我们可以生成一个包含-10^{11}～10^{11}之间的 100 万个随机整数的列表 S，对于不同的 $x, y \in S$ 且 $x+y=t$，计算目标 t 位于$-10\,000$～$10\,000$之间的数量。

我们可以使用现有的散列表实现，或者可以自己从头实现。如果是后者，应该采用不同的冲突解决策略比较它们的性能，例如链地址法与线性探查的比较。（关于测试用例和挑战数据集，可以访问 www.algorithmsilluminated.org。）

附录 C

快速回顾渐进性表示法

附录将会回顾渐进性表示法，尤其是大 O 表示法。读者如果是第一次阅读这方面的材料，那么很可能需要补充阅读更为详尽的资料，例如本系列图书卷 1 的第 2 章或 www.algorithmsilluminated.org 上的对应视频。如果读者之前对此已经有所了解，就不需要强迫自己将本附录从头看到尾，只要根据自己的需要重温相应的内容就可以了。

1. 要旨

在讨论算法和数据结构的时候，渐进性表示法非常好地实现了粒度的取舍。它足够粗糙，隐藏了我们希望忽略的所有细节。这些细节往往依赖于体系结构的选择、编程语言的选择、编译器的选择等因素。另外，它又足够精细，可以在不同层次的解决问题的算法之间进行有效的比较，尤其是当问题具有很大的输入的时候（输入越大，就越需要算法的技巧）。

用一句话来总结渐进性表示法就是：隐藏常数因子和低阶项，前者过于依赖系统，后者与输入并不相关。

在渐进性表示法中，重要的概念是大 O 表示法。根据常识来说，称某样东西是一个函数 $f(n)$ 的 $O(f(n))$，意味着后者是在 $f(n)$ 隐藏了常数因子和低阶项之后所剩下的内容。例如，如果 $g(n)=6n\log_2 n+6n$，则 $g(n)=O(n\log n)$。[①]大 O 表示法根据算法的渐进性最坏情况运行时间把算法和数据结构的操作放在不同的组内，例如线性时间（$O(n)$）或对数时间（$O(\log n)$）的算法和操作。

2. 大 O 表示法

大 O 表示法关注的是在正整数 $n=1,2,\cdots$ 上所定义的函数 $T(n)$。对于我们而言，$T(n)$ 作为输入长度 n 的一个函数，几乎总是表示一种算法或一个数据结构操作的最坏情况运行时间的边界。

大 O 表示法（日常语言版本）

$T(n)=O(f(n))$ 当且仅当 $T(n)$ 最终是 $f(n)$ 的一个常数倍的上界。

下面是大 O 表示法对应的数字定义，也是我们在形式证明中应该使用的定义。

大 O 表示法（数学版本）

对于所有的 $T(n)=O(f(n))$，当且仅当存在正常数 c 和 n_0，使

$$T(n)\leqslant c\cdot f(n) \tag{A.1}$$

此时 $n\geqslant n_0$ 就成立。

常数 c 对“常数倍”进行了量化，常数 n_0 对“最终”进行了量化。例如，在图 1 中，常数 c 对应于 3，而 n_0 对应于函数 $T(n)$ 和 $c\cdot f(n)$ 的交叉点。

警告

当我们表示 c 和 n_0 是常数时，意思是它们并不依赖于 n。例如，在图 1 中，c 和 n_0 是固定的数字（像 3 或 1 000），这样我们就可以考虑当 n 变得任意大时（图 1 中向右是趋向于无限的）式（1）的情况。如果我们在一个所谓的大 O 证明中看到“取 $n_0=n$”或“取 $c=\log_2 n$”这样的说法，就应该改弦易辙，从一开始就选择与 n 无关的 c 和 n_0。

① 在忽略常数因子时，我们并不需要指定对数的底（不同的对数函数之间的差别仅在于常数因子的差别）。

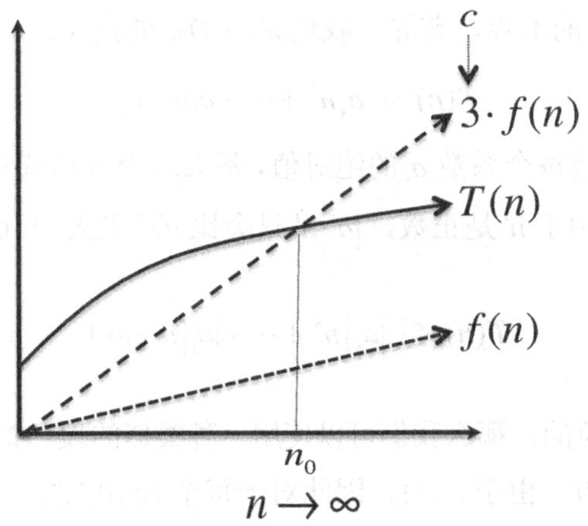

图 1　当 $T(n) = O(f(n))$时的图形。常数 c 对 $f(n)$的“常数倍”进行量化，常数 n_0 对“最终”进行量化

3．例子

我们声称，如果 $T(n)$是一个阶数为 k 的多项式，则 $T(n) = O(n^k)$。因此，大 O 表示法确实是忽略了常数因子和低阶项。

命题 1　假设

$$T(n) = a_k n^k + \cdots + a_1 n + a_0$$

其中 $k \geqslant 0$ 是个非负整数，a_i 是实数（可以是正数或负数），则 $T(n)=O(n^k)$成立。

证明：对大 O 表示法的证明可以简化为对常数 c 和 n_0 的适当值进行反向处理。简单起见，我们先假设这两个常量的值，n_0 等于 1 并且 c 等于所有系数的绝对值之和①：

$$c = |a_k| + \cdots + |a_1| + |a_0|$$

这两个数都与 n 无关。现在我们需要证明我们所选择的这两个常量能够满足定义，意味着对于所有的 $n \geqslant n_0=1$，都有 $T(n) \leqslant cn^k$。

---

① 记住，实数 x 的绝对值$|x|$在 $x \geqslant 0$ 时等于 x，在 $x<0$ 时等于$-x$。$|x|$总是非负的。

为了验证这个不等式，取一个任意正整数 $n \geqslant n_0=1$。我们需要 $T(n)$的上界序列，累计产生$c \cdot n^k$ 的上界。首先，我们采用 $T(n)$的定义：

$$T(n) = a_k n^k + \cdots + a_1 n + a_0$$

如果我们取右边每个系数 a_i 的绝对值，那么这个表达式只会变得更大。（$|a_i|$只可能比 a_i 更大，由于 n^i 是正数，$|a^i|n^i$ 只会比 $a^i n^i$ 更大。）这意味着

$$T(n) \leqslant |a_k|n^k + \cdots + |a_1|n + |a_0|$$

既然系数是非负的，那么我们可以使用一种类似的技巧把 n 的不同乘方转换为 n 的一个公共乘方。由于 $n \geqslant 1$，因此对于每个 $i \in \{0,1,2,\cdots,k\}$，n^k 只会比 n^i 更大。由于$|a_i|$是非负整数，因此$|a^i|n^k$只会比$|a^i|n^i$更大。这意味着

$$T(n) \leqslant |a_k|n^k + \cdots + |a_1|n^k + |a_0|n^k = \underbrace{(|a_k| + \cdots + |a_1| + |a_0|)}_{=c} \cdot n^k$$

对于每个 $n \geqslant n_0=1$，这个不等式都是成立的，这也正是我们希望证明的结论。

我们还可以使用大 O 表示法的定义，论证一个函数并不是另一个函数的大 O 表示法。

命题 2 如果 $T(n)=2^{10n}$，则 $T(n)$并不是 $O(2^n)$。

证明：证明一个函数并不是另一个函数的大 O 表示法的方法通常是反证法。因此，我们先假设欲证结论的相反结论是成立的，即 $T(n)$确实是 $O(2^n)$。根据大 O 表示法的定义，存在正常数 c 和 n_0，对于所有的$n \geqslant n_0$，都存在

$$2^{10n} \leqslant c \cdot 2^n$$

由于 2^n 是正数，因此我们可以从不等式的两边消去 2^n，引申出一个结论：对于所有的$n \geqslant n_0$，都存在$2^{9n} \leqslant c$。这个不等式很明显是错误的：右边是个固定的常数（与 n 无关），而左边随着 n 的增大趋向于无穷大。这就说明 $T(n) = O(2^n)$这个假设不可能是正确的。因此，我们可以得出结论，2^{10n}并不是 $O(2^n)$。

4. 大Ω表示法和大Θ表示法

到目前为止，大 O 表示法是讨论算法和数据结构的操作的渐进性运行时间比较重要和常用的概念。另外，还有两个与它关系密切的表示法，即大Ω表示法和大Θ表示法值得我们了解。如果大 O 表示法可以类比为“小于或等于（≤）”，那么大Ω表示法和大Θ表示法分别可以类比为“大于或等于（≥）”和“等于（=）”。

大Ω表示法的正式定义与大 O 表示法相似。按照文本描述的形式：当且仅当 $T(n)$的下界是由$f(n)$的一个常数乘积所确定的，那么 $T(n)$就是另一个函数$f(n)$的大Ω表示法。在这种情况下，可以写成 $T(n)=\Omega(f(n))$。与以前一样，我们使用两个常数 c 和 n_0 来量化“常数积”和“最终”。

大Ω表示法

$T(n)=\Omega(f(n))$当且仅当存在正整数 c 和 n_0，对于所有的 $n \geqslant n_0$，满足 $T(n) \geqslant c \cdot f(n)$时成立。

大Θ表示法也可简称为Θ表示法，可以类比为“等于”。$T(n)=\Theta(f(n))$等于同时满足 $T(n)=\Omega(f(n))$和 $T(n)=O(f(n))$，相当于 $T(n)$最终被夹在$f(n)$的两个不同的常数积之间。

大Θ表示法

$T(n)=\Theta(f(n))$当且仅当存在正整数c_1、c_2和n_0，对于所有的$n \geqslant n_0$，满足$c_1 \cdot f(n) \leqslant T(n) \leqslant c_2 \cdot f(n)$时成立。

注意

由于算法设计师非常注重运行时间的保证（重视上界），因此他们更倾向于使用大 O 表示法，即使大Θ表示法更为精确。例如，他们表示一个算法的运行时间是 $O(n)$，即使它很显然是$\Theta(n)$。

下面的小测验 1 检测对大 O 表示法、大Ω表示法和大Θ表示法的理解。

小测验 1

假设 $T(n)=\frac{1}{2}n^2+3n$，下面哪些说法是正确的？（选择所有正确的答案。）

（a）$T(n)=O(n)$

（b）$T(n)=\Omega(n)$

（c）$T(n)=\Theta(n^2)$

（d）$T(n)=O(n^3)$

（正确答案和详细解释如下。）

正确答案：（b）、（c）、（d）。最后 3 个选项是正确的，读者应该很清楚其中的原因。$T(n)$是个平方时间的函数。线性项 $3n$ 对于很大的 n 基本没有意义，因此我们可以期望 $T(n)=\Theta(n^2)$（选项 c）是成立的。这个结论很自然地让我们推导出 $T(n)=\Omega(n^2)$，因此 $T(n)=\Omega(n)$（选项 b）也是成立的。类似地，$T(n)=\Theta(n^2)$提示了 $T(n)=O(n^2)$，因此 $T(n)=O(n^3)$（选项 d）也是成立的。证明这些声明最终可以归结为选择适当的常数以满足定义。例如，取 $n_0=1$ 和 $c=\frac{1}{2}$ 可以证明（b）。取 $n_0=1$ 和 $c=4$ 可以证明（d）。把这些常数（$n_0=1, c_1=\frac{1}{2}, c_2=4$）组合在一起可以证明（c）。根据 2 的命题意图，可以通过反证法证明（a）并不是正确的答案。